うまい雑草、ヤバイ野草

日本人が食べてきた薬草・山菜・猛毒草
魅惑的な植物の見分け方から調理法まで

森 昭彦

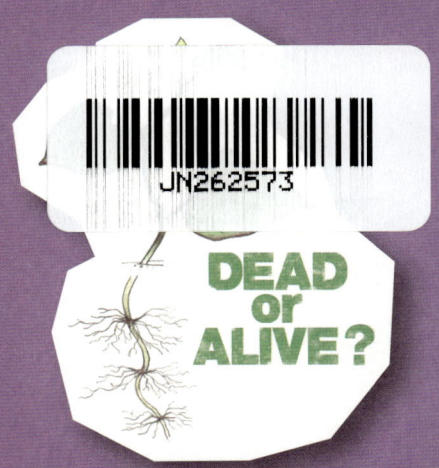

SB Creative

著者プロフィール

森 昭彦(もり あきひこ)
1969年生まれ。サイエンス・ジャーナリスト。ガーデナー。自然写真家。おもに関東圏を活動拠点に植物と動物のユニークな相関性について実地調査・研究・執筆を手がける。著書に『身近な雑草のふしぎ』『身近な野の花のふしぎ』『身近なムシのびっくり新常識100』『イモムシのふしぎ』(サイエンス・アイ新書)、『ファーブルが観た夢』がある。

本文デザイン・アートディレクション:クニメディア株式会社
イラスト:中村知史

はじめに

　本書のタイトルを見て、突っ込みたくてウズウズしている人があると思います。そういう人を私は敬愛してやみません。

　なかでも「雑草」と「野草」——これを論理的にでも、はたまた直感によって「違いを探る」ことは、自然世界の旅路を満喫するうえで欠かせない才能だと思います。

　「雑草」と「野草」は、どちらの語もかなりおおざっぱなニュアンスをもち、お互いを包摂しながら、植物によっては一方にしかあてはまらないものもたくさんあるようです。しかし講学上、このような言葉や分類は使われず、一般的な定義も争いがあるというのが実情です。いえ、勇気をもって真実を述べるなら、なにしろ書籍のタイトルですから、これはもう本の命運を左右しますので、名物編集長とコーヒーショップで鼻息も荒くフンフンと議論した結果、「ゴロがよいですね」という地点にソフトランディングであります。こうした冗談のような技法は、実のところ権威ある生物の分類や命名の場面でもしばしばお目にかかるところで、おもしろい逸話がたくさんあります。

道ばたの雑草から山森の野草たちの見分け方もまた、違いを「おおざっぱなニュアンス（質感の差異）」で覚えるのがよいと思うのです。もちろん、執筆にあたっては神経を尖らせたものですが、「形態の微妙な差異」を試験対策のように憶えなければならぬとしたら、わたしは一刻だって我慢がならず、手もちの書物を抱えて古本屋に走ります。

　では、いつも多彩に変化する生命体を、どうやって自分の知の糧にするか——答え方がひどくむつかしい問題ですけれど、もっともシンプルな解決方法があるとしたら、次の方法が有効に思われます。

　まず書物などで自分の好みにあう植物を見つけます。ここで「おおまかなイメージ（好きな理由やポイント）」をとっつかまえたら、散歩や旅行先で現物を見てみる。

　さらに洗練された手法として、たまにぜいたくをして、おいしい料理店で食べた食材を、書物で調べ、野原で探す。これは実に有効な科学研究の手法であります。

　「やあ、やっぱり実物は迫力が違う！　美しいな。おいしそうだなあ」と、いささかムリヤリにでも五感に訴えるのが王道です。

　本書のコンセプトも、「興味はあるけれど、どこから手をつければいいのか……」や、「かつて興味があったけれど、似たものが多すぎて」と投げだした人をイメージして組み立てました。

　「もちろん、すでに博物世界の泥沼にハマってしまっ

はじめに

た人も、決して飽きないようなトピックをジャブジャブ用意してください」といった益田編集長の鋭いムチさばきも当然ありました。

ただ「うまい野草を紹介する」というのはおもしろくありませんし、科学書としてはものたりません。植物を「食べ物」としてみたとき、その「料理法」は、経験則に裏打ちされた立派な科学であり文化ですから、生態、識別、そしてなによりも愉快な暮らしぶりとあわせての解説を試みた次第です。

「料理法」や「成分・効果」は一例としてご紹介するにとどめ、食べることを推奨するものではありません。また紙面がかぎられますので、本書で気になった植物は、別の文献・図鑑で検証する必要もあると思います。巻末に参考文献の一覧がございますのでご活用ください。

本書のなかで、ひとつでも多く、あなたの興味を惹く植物と出逢えたなら、このうえもない幸せです。いつもお世話になっている身近な植物たちに、どうにか顔向けができるというものです。

最後に、いつも大変なご苦労をおかけしている益田編集長、洒脱でわかりやすいイラストを描いてくださった中村知史氏、ひどくやっかいな文章を校正してくださった壬生明子さんに心から感謝を申し上げます。

あなたの旅路が幸多からんことを願って。

2011年7月末日　筆者

CONTENTS

うまい雑草、ヤバイ野草
日本人が食べてきた薬草・山菜・猛毒草 魅惑的な植物の見分け方から調理法まで

はじめに …………………………………………… 3

第1章　生と死のロンド …………… 9
〜おいしい山菜はこちら。
　ああ、そっちはものすごい毒草ですから〜

羹に懲りて膾を吹く ……………………………… 10
雑木林で高級和食を
　──オオバギボウシ・コバギボウシ ………… 12
タイムリミットは30分──バイケイソウ・コバイケイソウ … 16
猛毒草は「思いのほか美味」──ハシリドコロ …… 20
春風を誘う美味なる万能薬──フキ …………… 24
失われた名医のレシピ──フクジュソウ ……… 28
果てしなくマズい劇薬──ヤマトリカブト …… 32
食えるヨモギ、食えないヨモギ
　──ヨモギ・オトコヨモギ …………………… 36
もうカッコウが鳴いたから──セリ・キツネノボタン … 40
天国への階段──ギョウジャニンニク・スズラン …… 44
道くさくってボケ防止──ノビル・スイセン … 48
猛毒草と高級スパイス──イヌサフラン・サフラン …… 52
道ばた毒草ガーデン
　──ヒレハリソウ・キツネノテブクロ ……… 56
だいたい毒草、ときどき山菜
　──エンゴサクの仲間、ケマンの仲間 ……… 60
毒蛇たちの甘味な誘惑──マムシグサの仲間 … 64

第2章　美食倶楽部 ………………… 69
〜その雑草、結構ウマいです。
　ええ、食べ方はですね〜

鬼も十八、番茶も出端 …………………………… 70
脂料理にちいさなクレソン
　──タネツケバナ・オオバタネツケバナ …… 72
生春巻きと天ぷらでお片づけ
　──ドクダミ・ツルドクダミ ………………… 76
スズメのお茶うけ──カタバミの仲間 ………… 80

そっくりだけど風味は両極
──ヤブカラシ・アマチャヅル ………………… 84
浜辺のお野菜──ツルナ・ハマダイコン ………… 88
完全武装の美味なる巨塔
──ハマアザミ・フジアザミ・モリアザミ ……… 92
元・観賞用植物の味わい
──ハルジオン・ヒメジョオン ………………… 96
道ばた野菜の世代交代──イヌビユ ………… 100
道くさソラマメ道中──カラスノエンドウ …… 104
陽だまりタンポポ一家──コウゾリナ ……… 108
栽培が奨励された雑草──ノゲシ・オニノゲシ … 112
絶品！　道ばたマメの旅
──ナンテンハギ・クサフジ ………………… 116
意外とウマい道ばた名医
──オオバコ・ヘラオオバコ ………………… 120
この難問も宵の口──マツヨイグサの仲間 … 124
召しませかわいい顔色を──ヒルガオの仲間 … 128
近未来SF世界的「春菊」
──ダンドボロギク・ベニバナボロギク……… 132
ボクボクとしてしっこらしっこら
──ギシギシ・エゾノギシギシ ……………… 136
雑草でフレンチなエスプリを──スイバ・ヒメスイバ … 140
最高級の甘い香水
──シロバナノヘビイチゴ・エゾノヘビイチゴ … 144
路傍の果樹園──クサイチゴ・モミジイチゴ … 148
風変わりな大人のイチゴ
──ナワシロイチゴ・フユイチゴ ……………… 152

CONTENTS

第3章　山中放浪記 ……… 157
～身近な野山はさらに絶品。いやあ、食べ方も風変わりでしてね～

山葵と浄瑠璃は泣いて誉めろ ……… 158
あぁ、憧れの「スミレのトロロ」——スミレの仲間 ……… 160
きわめてマズいワサビの味わい
　——ワサビ・ユリワサビ ……… 164
うまい提灯、マズい風鈴
　——アマドコロ・ナルコユリ・ホウチャクソウ ……… 168
食卓のジジババ賛歌——ジイソブ・バアソブ ……… 172
香味豊かな美食家ハーブ——ノダケ・シャク ……… 176
山の鬼婆はホクホクと——オニユリ・ウバユリ ……… 180
幻獣「淫羊」のものすごい霊験——イカリソウの仲間 ……… 184
山野のお宝「青い鐘」
　——ツリガネニンジン・ソバナ ……… 188
あぁ、またも垂涎「ミズトロロ」
　——ウワバミソウ・アオミズ ……… 192
華麗なる「コウモリの一族」
　——カニコウモリ・モミジガサ ……… 196
「永遠の幸福」は他力本願
　——ミズヒキ・キンミズヒキ ……… 200
山菜版「クサヤの干物」
　——オミナエシ・オトコエシ ……… 204
水辺の珍味は「万葉の野菜」
　——ミズアオイ・コナギ ……… 208
潜って逃げるよ山の美味——カタクリ ……… 212
解毒薬なのに食べると毒薬——オキナグサ ……… 214
疫病悪鬼を追い払う珍味——オケラ ……… 216
深山の「幻の味」——クロユリ ……… 218

参考文献 ……… 220
索引 ……… 221

第1章
生と死のロンド
〜おいしい山菜はこちら。
ああ、そっちはものすごい毒草ですから〜

薬草・山菜――そしてよく似た猛毒草。
憶え方に決まりはない。けれど野歩きが
楽しくなる「ポイント」が確かに存在する。
「違いを探す」が自然科学最大の醍醐味で。

羹に懲りて膾を吹く

　2007年、女性レポーターに毒草の天ぷらを食べさせる番組が放映されたそうである。指導役が山野草にくわしく、テレビに何度も出演する人であったため、局側も疑いをもたなかった。ここに毒と薬の妙味が隠されているのだけれど、それは知られずに終わったようである（⇒P.28）。

　自然界には、食べるもの（捕食者）、食べられるもの（被捕食者）の間にとても奇妙なバランスが存在し、高級スパイスで有名なサフランにも「致死量」があるように、かならず意外な側面をもつ（⇒P.54）。さながら毒と薬が仲よく手を取り、輪舞（ロンド）を楽しみ、ある時点での立ち位置、組み合わせによって作用が決まる——そんなイメージを彷彿とさせる。

　本章の猛毒草たちも、ただのやっかいものではなく、貴重な製薬原料にもなれば、わたしたちが誤食したとき、吐き気をうながす成分が混ぜてあったりと、動物たちにかなりの気を使っている。こちらがステップを踏み外さぬかぎりダンスは楽しく踊れる。

　さて、重要な植物の見分け方について「憶えるのがめんどう」という人は決してあなただけではなく、確実に多数派意見である。そこで有名な山菜と、よく似た猛毒植物を中心に見ていけば、いくらか頭に入りやすい。山菜の風味もそうだけれど、英知の探求も、「刺激の多いほうがよい」。ハイキングや散歩でもって、ちょっとした緊張感を抱き、狩人気分を味わうのはとても楽しい。

　自然界を軽やかに旅するには、ひとつ大切なルールがある。羹（あつもの）に懲りて膾（なます）を吹く——熱いものに懲りたことがあるものは、冷えたものまでふーふーと吹いて食べるという意。旅するものに失敗はつきものだから、一度懲りたら「臆病さ」も学びたい。最善は「君子危うきに近寄らず」。懲りる前に近づかないのがよい。

よく間違えられる危険な植物の一例

バイケイソウ、コバイケイソウ P.16〜19　　**致死性の猛毒**
【間違えやすい植物】ギボウシ類（おもにオオバギボウシ）、ギョウジャニンニク
【特徴的な中毒症状】嘔吐、痙攣、めまい、呼吸困難、血圧低下、意識混濁
【発症の時間的目安】摂取後30〜60分ほどで発症

ハシリドコロ P.20〜23　　**致死性の猛毒**
【間違えやすい植物】フキノトウ、ギボウシ類（おもにオオバギボウシ）
【特徴的な中毒症状】嘔吐、下痢、めまい、瞳孔散大、幻覚症状
【発症の時間的目安】摂取後60〜120分ほどで発症

フクジュソウ P.28〜31　　**致死性の猛毒**
【間違えやすい植物】フキノトウ
【特徴的な中毒症状】嘔吐、呼吸困難、心臓麻痺
【発症の時間的目安】不明

トリカブト類 P.32〜35　　**致死性の猛毒**
【間違えやすい植物】ニリンソウ、モミジガサ、ゲンノショウコ、ヨモギ
【特徴的な中毒症状】唇や舌の痺れが始まり手足に広がる。
　　　　　　　　　嘔吐、下痢、腹痛、呼吸困難
【発症の時間的目安】摂取後10〜20分ほどで発症

ドクゼリ P.40〜43　　**致死性の猛毒**
【間違えやすい植物】セリやその仲間
【特徴的な中毒症状】嘔吐、下痢、腹痛、痙攣、意識混濁、呼吸困難
【発症の時間的目安】摂取後30分以内に発症

スイセン P.48〜51　　**致死性の猛毒**
【間違えやすい植物】ニラ、ノビル、タマネギ（球根を誤食）
【特徴的な中毒症状】嘔吐、下痢、流涎、頭痛、昏睡、低体温
【発症の時間的目安】摂取後30分以内に発症

イヌサフラン P.52〜55　　**致死性の猛毒**
【間違えやすい植物】サフラン、ジャガイモ類、ギョウジャニンニク
　　　　　　　　　ニンニク、タマネギ、ギボウシ
【特徴的な中毒症状】嘔吐、下痢、呼吸器不全
【発症の時間的目安】2007年4月12日の事例では50代男性が2時間半後に発症し死亡

テンナンショウ類 P.64〜67
【間違えやすい植物】未熟な実をトウモロコシと誤認、タラの芽と誤認
　　　　　　　　　紅い実や根茎を食用できると誤認
【特徴的な中毒症状】唇や口腔内の痺れ、粘膜の腫れ、腎不全
【発症の時間的目安】摂取後30分以内に発症

※厚生労働省『自然毒のリスクプロファイル』、各都道府県保健福祉情報を参考に作成

雑木林で高級和食を
〜オオバギボウシ・コバギボウシ〜

　その優美なる姿と風雅な味わい。**ギボウシ**は花よりも葉っぱが尊（とうと）ばれる種族で、有名な山菜でもある。身近にあり、数も多く、調理も簡単。食糧難でも起きたらまっ先に狙われる食材のひとつ。ひときわ賞賛される理由は彼女らの豊かな暮らしにある。

　オオバギボウシはとても巨大な種族で、身近な公園や雑木林の日陰でどっしりと腰を据えている。豊満な葉には美しい流線が浮かび、夏になれば花茎を伸ばして純白の花をお行儀よく並べて咲かせる。翼を広げた鶴を思わせる高貴な佇（たたず）まいから、ギボウシの仲間は世界中で愛されており、なかでも日本人の愛情は尋常でなく、心血を注いで新品種をこさえ続けている。

　野性のオオバギボウシを楽しむには、まずもって旬を狙う。葉を広げた梅雨の時期、葉のつけ根から収穫する。大きな葉は落として葉柄（ようへい）だけを使う。もったいない気がするけれど、葉には強い苦味がある。一方、この時期の葉柄はクセがなく高級和食になる。お湯を沸かし、ひとつまみの塩を入れて葉柄を茹でる。お湯から上げ、水にさらしたら、手軽に辛子マヨネーズなどで食べたり、だし汁を沁み込ませた煮びたしをこさえてもよい。茹で上げるタイミングと水にさらす時間を調節して、ナマに近い風味を保つ。特有のぬめりと心地よい歯ごたえに思わず顔がほころぶ。口あたりはもちろん後味のさわやかさも格別。

　本種にはうれしいオマケがあり、**ビタミン類**のほか、抗菌・抗腫瘍効果を示す特殊な**ステロイドサポニン**が存在する。

　さらにおいしく食べるには、味つけを薄めに。濃くするとギボウシらしい風味がかき消える。分量にも気をつけたい。小鉢に盛るくらいがちょうどよく、家族や友人で楽しむなら数本で十分。

第1章 生と死のロンド

ユリ科
LILIACEAE
オオバギボウシ
（トウギボウシ）

Hosta Montana
（*Hosta sieboldiana*）

収穫期：4〜6月
利用部位：若芽、葉柄

さわやかな味わいの高級和食
①春の若芽は大人気の山菜。独特のぬめりを楽しむ
②初夏の葉柄もみずみずしく美味

料理法
お浸し、煮物、炒め物、和え物、椀物など広範囲

開花期のオオバギボウシ

オオバギボウシのつぼみ

オオバギボウシの若芽

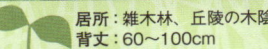

多年草

居所：雑木林、丘陵の木陰
背丈：60〜100cm
花期：7〜8月

猛毒草との区別は「葉脈」。猛毒草（P17、P.19）との違いをイラストで確認しておくと安心

春の新芽も株元から切り取って同じように調理する。この新芽、実は山野草らしい鋭い苦味を帯びるのだけれど、これがあってこそもっともおいしい山菜と賞賛される（おもに天ぷらで楽しまれることが多い）。そっくりな有毒植物を食べてしまう中毒事故もこの時期に集中するのでご用心。

　雑木林の中でも特に湿った場所、あるいは田んぼの用水路では**コバギボウシ**たちも顔をだす。春のころはギボウシの苗にそっくりであるが、ずっとちいさな種族で、初夏に咲く花も淡い桔梗色（ききょういろ）。流麗でかわいらしく、独特の存在感で人気がある。コバギボウシも、春の若苗から梅雨時期の葉柄まで、オオバギボウシと同じ調理法で楽しむことができる。

　ありがたいことに日本はギボウシの名産地で、美しい種族が20種以上も自生しており、多くが食用になるという。

　ギボウシたちが元気に育つ場所は、動物たちにも心地がよい。夏の陽射しが弱く、水気があり、さわやかな風が吹き抜けて――こうした最良の環境で育ったギボウシほど風味は格別。

　やがて秋がくるころ、同じ場所を訪ねてみたい。細長い果実が割れて、黒いタネがこれまた行儀よく並んでいる。ギボウシは森の生き物に多くの蜜を与えるため、よく結実する。タネを採り、育ててみると、いっそう魅力が増すであろう。花が咲くまで4年ほどかかる。ギボウシたちは最良の環境で、時間をかけて栄養を蓄える。うまいわけである。

　スギ・ヒノキの乱雑な植林のおかげで、里山から多くのギボウシが消えた。あるいは里山の人手不足で、ササヤブが荒れ狂うようになるとやはり消えてしまう。ギボウシが元気な場所は人や動物にとっても心地がよい。あなたのご近所ではいかがだろう。

第1章 生と死のロンド

ユリ科
LILIACEAE
コバギボウシ
Hosta albo-marginata

収穫期：春、夏
利用部位：若芽、葉柄

上品な食感と風味が魅力
①オオバギボウシと同じく若芽と葉柄が食べられる
②全体的に小柄で花色も青紫

料理法
お浸し、煮物、炒め物、和え物、椀物など広範囲

コバギボウシ

コバギボウシの若芽

多年草

居所：小川のそば、田んぼなど
背丈：30〜40cm
花期：7〜8月

オオバギボウシは白花でコバギボウシの花は青紫。平地の小川や湿地で群れていることが多い

15

タイムリミットは30分
〜バイケイソウ・コバイケイソウ〜

ギボウシの尋常ならざる人気によって、ひとしきり迷惑を蒙(こうむ)っている連中がいる。まずは**バイケイソウ**。**猛毒**である。これが人命を奪う植物の姿なのかと、腕を組み、ため息ひとつ。たいした妖気である。

花が梅に、葉が蕙蘭(けいらん)(ランの一種)に似ているからその名がある。花にはグリーンのストライプがあしらわれ、ぽてっと太った黄色い葯(やく)が六角形に配置された姿は大人の渋さがあふれ美しい。ところが遠くから見ると、やさぐれた感じでなんとも見栄えがしない。近くに寄って初めてキレイだなあと思えるつくりである。

バイケイソウの棲み家はおもに1000〜1500メートルを超える山の中。しかも湿った草むらや林床にあり、しょっちゅう濃霧が立ち込める妖しい領域に好んで棲みつき、たいてい群落を築いている。霧の中、暗いシルエットが恐々と林立する様子はまさに奇景。さながらトルコのカッパドキアの陰影を思わせる。

本種はジェルビン、ベラトラミンなど複数のアルカロイドをこさえることを得意とし、なかでも激烈であるのがプロトベラトリン。摂取するとわずか30分ほどでひどい嘔吐、下痢、目まいに襲われ、最悪の場合は血圧降下、意識混濁して絶命に至る(致死量は乾燥根で数グラムといわれる)。かつてこの根茎(こんけい)を催吐薬(さいとやく)、血圧降下薬として応用したが、副作用がひどいため使われなくなった。

春先、バイケイソウは新芽をだすが、これが**ギボウシやギョウジャニンニク**(⇒P.44)と間違われて誤食される。バイケイソウにとっては甚(はなは)だ迷惑。類稀(たぐいまれ)なる猛毒――その開発と生産はとっても大変なのですよと、採取者に愚痴のひとつもいいたいだろう。

もうひとつ、若苗の時分、よく似た種族がある。

第1章 生と死のロンド

ユリ科
LILIACEAE
バイケイソウ

Veratrum album
subsp. *oxysepalum*

収穫期：なし
利用部位：なし（猛毒）

生命を脅かす猛毒草
①山の湿地やガレキ場、湿原に群れて生える
②葉柄がない。葉脈は葉のつけ根から平行して走る

ギボウシの仲間、ギョウジャニンニクと間違えやすい。特にギボウシと間違える事故が多発

バイケイソウの花

オオバギボウシの若芽（旬）

バイケイソウの若芽と葉脈

居所：中部地方以北の山地
背丈：60〜150cm
花期：7〜8月

多年草

自然を楽しむ場合、危険種はかならず押えたい。植物園や薬草園で楽しみながら憶えるのが秘訣

コバイケイソウは、バイケイソウとまったく同じ理由で誤食事故の犯人にされる。

高山の湿った礫地、湿原を純白に染めあげる名花として知られ、白い花を大きなブラシ状に咲かせる姿は壮麗。実に見事。これも大群落を築き、高山の短い夏を足早に謳歌する。

思えば不思議なことで、ギボウシと間違えて誤食事故を起こした人は、いったいどこで採取したのであろう。コバイケイソウの棲み家はとても高い山、あるいは深い山奥であり、平地で見つかるのは北海道あたりの話である。そんな秘境でわざわざギボウシを探す人があることに驚かされる。

バイケイソウ、コバイケイソウともに、若苗のうちはギボウシそっくりに思えるが、葉脈を見れば簡単。ギボウシは葉の中心に太い主脈が走っていて、ほかの脈はここから派生して伸びている。一方、バイケイソウとコバイケイソウは、すべての脈が葉のつけ根から平行して突っ走る。この葉脈ラインをイメージとして知ってしまえばワケもない。加えて葉柄がないこともポイントになるので押さえておきたい。

コバイケイソウの有毒成分や中毒症状はバイケイソウとほぼ同じで、両者とも死に至るほどの危険があるのは根茎。誤食事故の多くはギボウシと間違えて葉を食べるというもので、ここに含まれる有毒成分濃度は比較的低く、数枚ほどであれば生命の危険はなかったという。ちなみに煮たり焼いたりすれば大丈夫ということはまったくあてはまらず、本種のアルカロイドはなんら影響を受けずに淡々と仕事をこなすので要注意。

バイケイソウ、コバイケイソウは、おもに中部地方から北に分布しているため、西の方々はこれと間違えたくともムリである。

もっとも別の有毒種があるので気は抜けない。

ユリ科
LILIACEAE
コバイケイソウ

Veratrum stamineum

収穫期：なし
利用部位：なし（猛毒）

亜高山帯の猛毒草ですが
①亜高山帯のガレ場、湿原に群れる
②葉姿はバイケイソウそっくりだが花穂が白い

本種もギボウシの仲間やギョウジャニンニクと間違えやすい。高い山地に棲むが寒冷地では低い場所にも下りてくるので注意

コバイケイソウ

コバイケイソウの若芽

多年草
居所：中部地方以北の亜高山帯
背丈：50〜100cm
花期：6〜8月

山の湿原ではギボウシと隣り合わせで育つ。その光景はなんとも奇妙で——ひときわ美しい

猛毒草は「思いのほか美味」
〜ハシリドコロ〜

「誤食界の帝王」といえるほど、**ハシリドコロ**はさまざまな山菜と間違えられ、毎年どこかで誰かを病院送りにしている。

長いこと秘境に生える伝説の毒草と思っていたが、都心から日帰りできる山野に生えていた。それはもりもりと、数え切れぬほどで。

ハシリドコロは毒薬で有名な**ヒヨス**、**マンドラゴラ**に比肩するほど危険な猛毒草であるが、前出バイケイソウとは違ってなんとも平凡に見える。

晩春の花期、精一杯に咲き誇っていても、なかなか気がつかないほど地味。釣り鐘を思わせる花は大きな葉で隠されており、一見すると単調であるけれど、内外の色彩の違い——そのコントラストの印象が絶妙。独創的なアイデアにひとしきり感心させられる。

この花を咲かすのはたいそう苦労するようで、多くのハシリドコロは開花をせず、夏を待たずに早々と枯れ、息を潜める。こうした暮らしを3〜5年も続け、栄養を根っこに備蓄するのである。

有名な毒草としての本領は、この根茎にある。**ヒヨスチアミン**、**アトロピン**、**スコポラミン**などの神経毒が豊富に含まれ危険きわまりないが、これを誤食することはまずない。しかし有毒成分で全身を防御しているため、山菜と間違えて葉を食べると、ひどい嘔吐、下痢、痙攣に襲われるほか、幻覚症状を起こすことが知られる。中毒症状がでると、あまりにも苦しく、幻覚も生じて走り回ることからその名がついたといわれる。

厚生労働省の情報でめずらしい記述を見つけた。ハシリドコロの風味であるが、「誤食するとほろ苦く、思いのほか美味である」

ナス科
SOLANACEAE
ハシリドコロ

Scopolia japonica

収穫期：なし
利用部位：なし（有毒）

ほろ苦くておいしい猛毒草
①若芽は暗い赤紫色。強い光沢を帯びる
②若芽の奥に花穂はない（フキはある）

ギボウシ類、フキ類と間違えて事故が起きる。若芽の時期には事故が多発

ハシリドコロ

ハシリドコロの葉姿

ハシリドコロの根茎

多年草
居所：山地の林内、渓流付近
背丈：30〜60cm
花期：4〜5月

山菜たちと同じ時期、よく似た新芽をだすので要注意。区別のポイントはP.23図を参照

と。事故経験者からの貴重な談話で「美味」というのが恐ろしい。

さて、ハシリドコロの居場所は、山すその川筋周辺やその道ばたなど、湿った場所にコロニーをつくり、春先になればそこらじゅうから元気よく若芽を突きだす。これがいけない。

同じような場所に**フキ**、**ギボウシ**などの山菜たちも生える。おもにフキ（次項）と間違われることが多いけれど、ハシリドコロの若葉が開き始めのころ、これをギボウシと思って誤食するケースもあるという。本章を初めから読んだ方は、ハシリドコロとギボウシの葉があまりにも違うので鼻先で笑うやもしれぬ。

まず、葉の色を見ても、ハシリドコロはダークな赤紫を帯びるが、ギボウシは全身これほがらかなグリーン。さらにギボウシの場合、葉の全体がシャープで、先端が尖るけれど、ハシリドコロはぽってりと太っている。

フキの場合、芽だしが太っており、わずかに赤紫色を帯びるけれど、苞葉(ほうよう)の奥に花穂がのぞくのですぐにわかる（次項参照）。

誤食事故の原因は「知らない場所で採取する」ことと「思い込みで」というケースが圧倒的。さらにもっとも重要な危険性は、やはり「味」。猛毒をこさえる毒草は、口に含んだとき「金属的な刺激」が広がり反射的に吐きだしてしまうと聞く。飲み込まないうちは軽症ですので、疑わしい場合、決してオススメはできないけれど、植物の切り口を嘗めてみるという手がある。

ところがハシリドコロは、先に述べたように「ほろ苦く、思いのほか美味」であるようだ。よく間違えるギボウシの若芽には苦味がある。フキノトウに至っては苦い刺激そのものを楽しむのであるから――。

こうして飲み込んでしまうと、重篤な症状がでるまでまったくわからない。毒草の怖さは、こうした意外な真実に潜んでいる。

ハシリドコロの若芽

Point
①ぽってりと太って ②暗い赤紫色で ③光沢を帯びている

ギボウシ類の若芽

Point
①淡く明るいグリーンで
②葉先がピンと尖っている

フキの若芽（フキノトウ）

Point
①外片が赤紫を帯びるけれど
②すぐ奥に花穂が見える

春風を誘う美味なる万能薬
〜フキ〜

　口の中がクシャクシャになる強烈な苦味と渋味。立て続けにやってくる呻くような渋味と刺激臭。若い時分、**フキノトウ**をありがたがる人の気がしれなかった。

　早春の野辺。いまだ寒風が吹きさらし、頬もこわばる里山で、彼女たちはぽこぽこと顔をだす。日当たりがよい渓流や小川の近くに好んで育つが、市街地の庭先でもしばしば見かける。清涼なイメージとは裏腹に、とんでもなく強壮な生命体で、根っこを植えればどこでも育つ。土の下でもって、太い根茎を横に伸ばして元気よく走り回るため、思わぬところからでてくるのである。

　花が咲く前、いまだこんもりと寒さに丸まっている時期がフキノトウの旬。花の咲き始め——いわゆる薹が立ったシーズンを好む人もあるが、一般には苞葉が花穂を包み込んで見えない時期がもっともおいしいとされる。人気スポットでは熟練のハンターたちが狙い撃ちにするので、たいがい余りものをつかまされることになる。若輩のわたしは無論、残りものつかまされ派である。

　収穫は、指先で根元を押さえ、ぽこっともぎる。なかなか小気味よくてクセになる。水洗いしてドロを落とし、沸かしたお湯でさっと茹でる。これを細かく刻み、油で炒めてから、味噌とみりんを合わせたものと混ぜる。これにてフキ味噌のできあがりとなり、日本酒の肴に、白飯のお供にして楽しむ。この味がわかるようになったのは三十路を過ぎてからであった。

　わたしのように料理がひどく苦手な人は、よく洗ったフキノトウをごく簡単に天ぷらにする。きつい苦味がほどよくやわらいで美味。天つゆでもいいけれど、ちょっと気どって抹茶塩。

　フキには雌雄があり、フキノトウを放っておくと雌花だけがぐ

キク科
COMPOSITAE
フキ（フキノトウ）

Petasites japonicus

収穫期：春、夏
利用部位：若芽、花穂、葉柄

「孤高の苦味」がたまらない
①フキノトウは平地で3月中下旬ごろ、山間部では4〜5月まで見られる
②若いうちが香りも高く食べごろ。薹が立つと苦味・渋みが強めに

料理法
天ぷら、フキ味噌、汁物にきざんだフキノトウを振りかける

フキの群落

フキの旬の姿

フキの雄花

多年草

居所：民家の庭先、野原など
背丈：10〜50cm
花期：3〜5月

フキには雄株と雌株があるけれど、どちらも山菜になる。道ばたのものより野原のものが美味

んぐんと伸びて綿毛をこさえ、わが子を旅路に就ける。春が過ぎ、風の香りに夏の気配を感じるころ、フキは丸っこい葉を広げるようになる。これがもうひとつの旬。

　この葉を収穫したら、柄の部分だけを残す。お湯を沸かしてひとつまみの塩を加え、柄がやわらかくなるまで茹でる。お湯から上げたらしばらく冷まし、皮を剥き、冷水につける。一昼夜ほどかけてゆっくりと。これにだし汁、砂糖、みりん、うすくち醬油で味を整え、煮物をつくれば絶品のフキ料理に。和食料理店ではおなじみの一品で、やさしい味わいのなか、絶妙な苦味と香味が広がって幸せいっぱい。お好みでキャラブキをつくってもよい。

　ビタミンB、C、カロテン、カルシウムが豊富に含まれるほか、**タンニン、フラボノイド類**などの成分もあり、むかしから健胃、風邪薬（解熱、鎮咳、去痰）として「庭先の薬箱」にされてきた。虫刺されにも生の葉を揉んで汁を塗りつけたというから、かつてはちょっとした万能薬であったのだろう。そうした次第でか、里山の農村ではそこらじゅうからフキノトウが湧いてくる。

　さて、**ハシリドコロの若芽**（前出）をフキノトウと間違える事故が絶えないけれど、もっともシンプルな見分け方は「香り」。

　株元からもぎったとき、フキノトウであれば強烈な香りが立つし、切り口を鼻先に寄せれば、唾液腺がぎゅうとなるほど鮮烈な芳香が攻めてくる。一方ハシリドコロは青臭いだけで、フキノトウ独特の香気はなかった。見た目で悩んでも香りで判別がつく。

　フキノトウの旬は、ウメの盛りが終わり、モモの花が里山を染めるころ。サクラが咲くまであとひと息。春本番に心が浮き立つ。

　実はもうひとつ佳品がある。丘陵や山地の道ばたには**ノブキ**が棲んでいて、知名度は低いが若葉を天ぷらなどで食べる。侘び寂びが漂う立ち姿がえもいえず、園芸家として血が騒ぐ逸品。

キク科
COMPOSITAE
ノブキ
Adenocaulon himalaicum

収穫期：春
利用部位：若芽

「落ち着いた苦味」がもち味
①葉先がやや尖る（フキは丸い）
②葉柄に翼がある（フキにはない）

料理法
やわらかそうな若菜を摘み、天ぷら、煮物、炒め物に

ノブキ

ノブキの若芽

ノブキの花

多年草

居所：山地は丘陵の木陰など
背丈：50〜80cm
花期：8〜10月

葉、花の姿が個性的で美しい。フキに比べてずっと小型。山地から住宅地周辺の雑木林にいる

失われた名医のレシピ
〜フクジュソウ〜

　本章の冒頭で、女性レポーターが毒草の天ぷらを食べた事件をご紹介した。それがフクジュソウ。当時は非難囂囂であったけれど、責める側にも問題があった。

　フクジュソウは福寿草と書くように、とてもおめでたい花として愛される。目が醒めるような色彩——早春の太陽がそのまま地上に降りてきたような花容。仏教の細密画を思わせる神妙かつ壮麗なバランス。かくも華やかである花も、それだけではまったく生彩を欠く。あくまで濃厚なモスグリーンの葉とワイン色を浮かべた太い茎とのコントラストがあってこそ。フクジュソウに潜む本当の魅力は、「上から見る豪華な花」ではなく、「横から見た峻厳ともいえる立ち姿」にあると思う。

　さて、本種は日当たりがよい山野の林内や草地に育ち、3月という早春に開花する。そう、ちょうどフキと同じような場所に生え、新芽をだす。葉っぱが広がるとまるで違うのだけれど、新芽がつぼんだ時期はどことなくフキと似ており誤食事故を招く。

　なにが問題かというと、フクジュソウ全草に**強心配糖体のシマリンやアドニトキシン**が含まれ、摂取すると呼吸困難、心臓麻痺を引き起こすことが知られ、重篤になれば絶命することも。

　有毒成分がもっとも濃厚な根っこは、かつて「心臓病によい」といわれたり、漢方で福寿草根と呼ばれ利尿薬、心臓衰弱の改善に用いられたことがある。地上部の葉茎も中国では同じ目的で処方されることがあるという。

　毒草はたいてい全身を毒で防御しており、フクジュソウの花もやはり有毒。反面、「薬効もありうる」といえる。

　医師や医薬品がない時代、あるいはそれが届かない僻地にあっ

第1章 生と死のロンド

キンポウゲ科
RANUNCULACEAE
フクジュソウ

Adonis amurensis

収穫期：なし
利用部位：なし（有毒）

まさに紙一重の薬・毒草
①全草が有毒（かつては薬草）
②根茎は太く暗褐色（写真右下）

若芽がフキノトウと似る。かつては民間薬として活躍したが、神経毒を示すため現在は毒草扱い

フクジュソウ

フクジュソウの葉と結実

フクジュソウの根茎

多年草

居所：山地や丘陵の林内、庭先
背丈：10〜25cm
花期：3〜4月

とても頑丈で育てやすい名花。新芽がフキノトウと似ているので要注意（p.31図）

29

て、こうした山野草はかけがえのない命綱であり、地方によっては重要な薬草としてひそかに受け継がれているものがある。

花の天ぷらをレポーターにすすめた人も、その根が有毒であったことは知っていたという。どこかの山間部で「花を食べる」という習慣を見聞きして、テレビ受けしそうなめずらしさから紹介したのかもしれない。幸いなことに女性レポーターに問題は生じなかったというが、むしろ胃腸の調子がよくなったのかもしれない。フクジュソウの成分には知られざる横顔がある。

心臓に作用する毒（あるいは薬効成分）をもつ強烈な植物は、実のところ数えるほどしかない。ある意味、貴重な製薬研究原料である。フクジュソウの場合、その成分は水に溶けやすく、けれども一定の期間、身体に蓄積される傾向が知られる。また、身体に入れて「安全に薬効を示す分量」と、「これ以上は有害という分量」がほぼ近接しており、さじかげんが非常に微妙なため、一般に用いられることがなくなった。レポーターは安全圏にとどまることができたわけである。すると、かつて疲労回復・強壮薬として利用され、あるいは長野の高山村のように貴重な胃腸薬として受け継がれてきた薬効を体験できたのであろうか。

花の天ぷら事件を非難する記事を読んだけれど、かつて民間で使われた歴史や習慣についてまったく言及していない。放映したテレビ局は奇しくも信州の局であり、かの地ではフクジュソウを名医（民間薬）として育んできた歴史が残されていたのである。

とはいえ安全なレシピ、食べ合わせ、処方箋は失われつつあり、あえて試す必要性も現代ではなくなった。野山にあってはフキノトウと間違えぬよう気をつけながら、初春の名花として愛でてみたい。

春の陽がさす山林で、かつての名医の美しさは、心を癒す。

フクジュソウ

Point
①形は筆状。先が尖る
②表面の質感は硬めで光沢を帯びる

フクジュソウの場合、外側の皮をめくると幼い葉がきゅっと詰まっている。フキノトウとは明らかに違う

フキノトウ

Point
①形はこんもりとした球状
②表面に光沢はなく紅紫色を帯びる

Point
フキノトウの場合、外側を包む皮をめくると花のつぼみが顔をだす。悩んだときは「ひと肌脱いでもらう」のもよい

果てしなくマズい劇薬
〜ヤマトリカブト〜

　本草学(ほんぞうがく)の歴史を紐解くと、世界中の人々が驚くほどトリカブトに魅了され、心血を注いできたことを知る。研究者がみずから試して命を落とすケースなど数えあげたらキリがない。日本では東大教授白井光太郎博士を挙げることができる。

　もとは山地性の植物で、血の気を失ったごときまっ青な花色がよく似合いそうな、凛とした空気が張りつめる山林の草地や渓流のヤブなどで暮らしている。住宅地では園芸店で売っているトリカブトと出逢う(有毒)。

　意外に思われるやもしれないが、トリカブトは決してめずらしいものではなく、山や麓に行けばごくふつうに見られる「ありふれた野草」。個人的にはつぼみと結実の時期以外、さして興味を惹かれない。うすら寒い、青褪(あお)めた花もいいけれど、つぼみと結実がおばけの子どもみたいでとてもかわいらしい。

　トリカブトの種類はとても多く、精確な識別はとてもむつかしい。なかでも飛びぬけて有名なのがヤマトリカブト。

　アコニチン、**メサコニチン**などのアルカロイドは全草に含まれ、特に根っこに多い。花や花粉、ときには蜜まで危険といわれるほど全身くまなくこれ猛毒で、受粉を担うハナバチ以外の動物が近づくことを許さない。人が摂取した場合、まず舌先が痺れ、ひどい嘔吐、痙攣に襲われつつ、強烈な麻痺が全身に広がって呼吸が止まる。保険金殺人で悪用されたケースもあるが、とある自殺未遂事件のケースでは、ひどくマズく、とても飲み込めるものではなかったという。なるほど西洋の本草学関連の書物にも、毒殺が横行した古代・中世、いかにして致死量を食べさせ飲ませるかを悩み抜き、食べ合わせ、香料、調理の温度、混合の方法にい

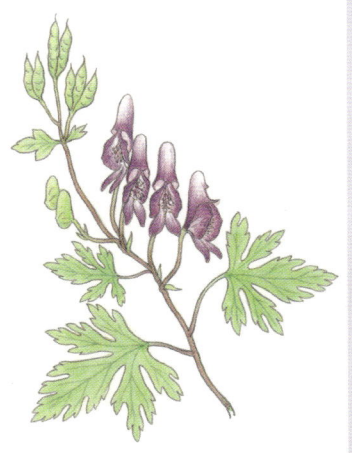

キンポウゲ科
RANUNCULACEAE

ヤマトリカブト

ヤバイ

Aconitum japonicum
var. *montanum*

収穫期：なし
利用部位：なし（猛毒）

毒性は植物界最強クラス
①茎葉に毛がない
②花が特徴的。花期は秋

ニリンソウ、ゲンノショウコ、モミジガサなどさまざまな山菜、薬草と間違えられる。特に若芽や葉姿のころが危険

ヤマトリカブト

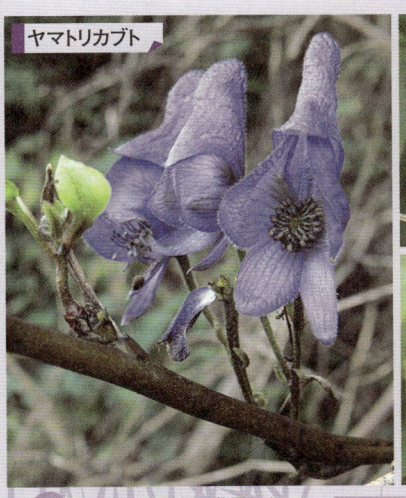

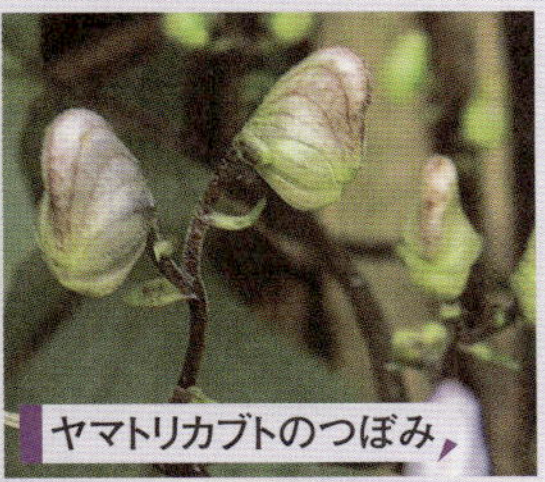
ヤマトリカブトのつぼみ

ヤマトリカブトの結実

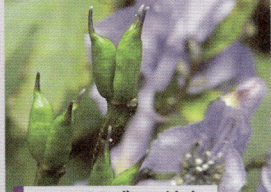

擬似一年草

居所：林縁、草原など
背丈：60～200cm
花期：9～11月

若芽の姿がいくつかの山菜・薬草と間違われる（P.35図）。多くの危険性をもつので最大限の注意を

たるまで驚くべき工夫が凝らされたのである。

本種は思いのほか多く生えているため、山菜として愛される**ニリンソウ、ゲンノショウコ、モミジガサ**と間違える事故がしょっちゅう起きる。特に花がない時期——若芽のときは要注意。

ニリンソウは葉に柄がなく、春に咲く(あるいは花芽をつける)。ゲンノショウコやモミジガサ(⇒第3章)との区別は「毛」。

ゲンノショウコは身近に棲まう高名な名医(薬草)で、あれこれいわず黙って服用すればたちまち「現の証拠」が現れるというのでその名がある。豊富な**タンニン**のほか、**ゲラニイン、クエルセチン**などをこさえ、健胃、整腸、下痢・腹痛の緩和、ときに強壮剤として活躍している。腫れ物やしもやけなどには外用もされる万能薬。しばしば食用にもされるため、ゲンノショウコのつもりがトリカブトを採ってしまう事故があるが、若芽のとき、ゲンノショウコの茎葉には細かい毛が生えているのでわかる。

ヤマトリカブトの茎葉には、目立つ「毛」がない。

とはいえ、見慣れない人にとって、毛の生えぐあいといわれても困るだろう。よって慣れないうちは避ける。もっとおいしい雑草・山野草はいくらでもあるのだから。

微量であればトリカブトの仲間は重要な強壮薬・強心剤・興奮剤として珍重される。そのために**減毒加工**というのを行い薬用に調製する。一例としては、もっとも危険な根茎をよく水洗いし、乾燥させる。これを塩水にしっかりとつけ、さらに水洗いしてから木灰、石灰の順でまぶす。あるいは高温で蒸すことで猛毒のアコニチンを分解する。ここから調剤して民間薬や漢方薬に応用された。とはいえ人間は乱用して命を落とし、冒頭の白川博士も慎重に実験したけれどついに他界された。専門家でも本種の利用はきわめてむつかしいのである。

ヤマトリカブト

Point
①葉が大きい（10cmほど）　②葉に柄がある　③目立つ毛はない

ニリンソウ　※特によく間違えられる

Point
①春に花が咲き、夏に枯れる　②葉に柄がない

ゲンノショウコ

Point
①葉は3〜5cmほどとちいさく、切れ込みが浅い　②うぶ毛が多く生える

食えるヨモギ、食えないヨモギ
〜ヨモギ・オトコヨモギ〜

「まさか、そんな」とあなたは一笑するであろうが、**ヨモギ**と**トリカブト**を間違える事故が確かにある。それは春先、新芽の時期に起こる。

お灸の艾(もぐさ)からモチ、団子——古くから身近で楽しまれるヨモギは、民家の周辺、道ばた、土手など、いたるところで一年中見ることができる。ヨモギのみずみずしい新葉は、早春の陽を浴びてシルバーグリーンに輝く。とても美しい植物で、この仲間には優美な庭園植物として人気が高いものがいくつもある。

ご存じのとおり、ヨモギには強い香り、苦味、渋味がある。**タンニン、α-ツヨン**など毒性を示す刺激物を豊富に含む一方で、香料・薬用（鎮痛、消炎、細菌感染性の腹痛・下痢など）としても広く利用される。つまり基本的には有毒であると思ったほうが安全（摂取する場合は少量）。日本には多数の種族が育ち、海外の園芸種も豊富に導入されている。なかには強烈な刺激性の毒をもつものがあるため、注意が必要である。

春の味覚としては、早春の新芽を根元から摘み、まずは手軽に天ぷらで。葉の裏にころもを薄くつけ、からっと揚げる。食べやすくなるし、独特の香りも楽しめる。

子どものころ、山形の農家の婆さまが手製のヨモギ餅を振る舞ってくれたけれど、とても苦く、ちっとも甘味がなく、まさに渋々食べた。むかしはあれでおいしいオヤツだったのであろう。あるいはわたしの味覚が愚鈍であったのかもしれない。とにかく、むかしながらのレシピでそのままつくると苦い餅になるので、適度に味を調製するとよい。甘味やアンコとのバランスも大切。ちなみに山形の婆さまの場合、アンコなどという甘ったれたものは存

第1章 生と死のロンド

キク科
COMPOSITAE
ヨモギ
（カズザキヨモギ）

Artemisia princeps

収穫期：春
利用部位：若葉

香り高く、ほろ苦さが絶妙
①葉の裏は灰白色の綿毛がおおう（綿毛はお灸として利用される）
②旬の若葉のころの葉色はシルバーグリーン。香りが高く食べやすい

料理法
草もち、草だんご、天ぷら、お浸し、和え物など

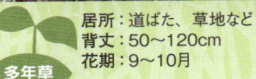

ヨモギの旬の若苗

ヨモギの花期

多年草
居所：道ばた、草地など
背丈：50〜120cm
花期：9〜10月

里山から都心にも棲む。初春の若芽はひときわ美しいが、庭や菜園に生えると殖えすぎて困るはめに

在せぬ剛速球の草もちであった。あれはあれで貴重な経験。

さて、トリカブトとの違いであるが、ヨモギは毛まみれであるのに対し、トリカブトに目立つ毛はない。間違えようがないほど違う気もするが、「トリカブトなんて毒草は山の奥深くにしかない」という思い込みが恐ろしい事故を招く。先にも述べたとおり、トリカブトは意外と近くにあるし、園芸店でも売られているため、近所の庭から逃げだしていることもある。ぜひ注意したい。

ヨモギのそばには**オトコヨモギ**も混じっているだろう。こちらは食用にならない。

日本全国の道ばたや荒地で見られる雑草であるが、きわめて地味なため知られることがない。オトコヨモギの葉はだいたいヘラ状になっているので区別がつくが、環境によって変異が多い。ヨモギとの違いはやはり「毛」。オトコヨモギにはほぼ毛がない。

名前の由来は、果実があまりにもちいさいため、結実しないオスのヨモギと思われてのこと。しかしながら花をルーペで見ると、なかなか意匠が凝らされており美しい。花びらの飛びだしぐあいといい色彩といい、ダンディーな渋い大人の魅力を感じさせる。そこらじゅうから生えるので、ヨモギといっしょにむしるけれど、花の時期はつい見惚れてしまい、翌年、ちょっと苦労する。

ヨモギたちは地面の下で大いに足を伸ばすので、放っておくとそこらじゅうから顔をだす。春に摘んだからといって消えるわけもなく、むしろ別の場所からもりもりと生えてくる。

季節になれば、各地でヨモギ摘みの人をたくさん見かける。親子して、春の土手で楽しそうに春菜を摘む姿は見ているだけでもごちそうになる。わたしも子どもの時分はヨモギ摘みを楽しみ、いまはこうした情景に舌鼓を打つ。年をくったなとため息。

第1章 生と死のロンド

キク科
COMPOSITAE
オトコヨモギ
Artemisia japonica

まずい

収穫期：なし
利用部位：なし

ヨモギに似るがうまくない
①全体に軟毛がほぼない
②葉はヨモギと違いへら状（葉の形は変異が多い）

食用には不向き。ヨモギと同じような場所に生えるのでまぎらわしい

オトコヨモギ

オトコヨモギの花

多年草

居所：道ばた、草地など
背丈：50～100cm
花期：8～11月

どこでも生えるが知っている人はまずいない。ヨモギの仲間は種類が豊富で調べると結構おもしろい

もうカッコウが鳴いたから
〜セリ・キツネノボタン〜

　なんといっても気品ただよう香味がたまらない。

　セリ摘みというとなんだか昭和の香りがするけれど、里山ではいまも盛んに楽しまれている。

　田んぼ、湿地、小川の縁など、水がある場所に**セリ**たちは群れて育つ。春の気配を察知すると、まるで競り合うように新芽を伸ばす。その様子からセリ（競り）の名がついたといわれる。

　新芽が伸びてきたらセリの旬。やさしい味を求めるなら水辺のセリを、野趣の苦味を楽しむなら田んぼのセリを。

　もっともシンプルに楽しむなら、やはりセリご飯。よく水洗いしたセリを細かく刻み、炊飯ジャーで炊いたご飯の上にふりかける。ジャーの蓋を閉じてよく蒸らせば、ぜいたくな香味をまとった美しいセリご飯のできあがり。この香り、いやに食欲をそそるのであるが、**フタル酸ジエチルエステル**、**クエルセチン**などの精油が含まれ、嗅覚と味覚神経を刺激して胃液の分泌を促進することが知られている。正月すぎにセリを入れた七草粥を食べるのも、疲れた胃腸を整え、ビタミンを補給するためにも、まずはセリの香味で食欲を促すという、とても理にかなった知恵なのである。

　しかし野生のセリの場合、やたらと摘んでもマズくてとても食べられたものではない。おいしいセリは旬が短く、むかしは「もうカッコウが鳴いたからセリ摘みはおしまい」と言われた。カッコウが里に下りてくるのはだいたい5〜6月。セリの背丈が伸びだし、いよいよつぼみをつけようという頃合いで、こうなると香味は苦味や渋味に変わり、食感も筋っぽくなる。いまではカッコウもめずらしくなり、農薬・廃棄物投棄による土壌汚染がない群生地もめっきり減って、どうにもやりづらくなってしまった。

セリ科
UMBELLIFERAE
セリ

Oenanthe javanica

収穫期：春
利用部位：若葉

ドクゼリの根茎

食欲をそそる美食の恵み
①田んぼや水辺に群れて育つ。旬の若葉の香味は絶品
②目立つ毛がない

料理法
セリご飯、お浸し、炒め物、和え物、椀物など広範囲

セリの花姿

セリの旬の葉姿

セリの若芽の茎

多年草

居所：田んぼ、小川の縁など
背丈：20〜50cm
花期：7〜8月

花期の前なら食用になるが大きく育つほど風味は落ちる。似た毒草が近くに生えるので注意（P.43）。セリの茎には目立つ毛がない

悪いことばかりではない。セリのそばにはそっくりな**ドクゼリ**がいて、これはトリカブト、ドクウツギに並ぶ致死性の猛毒植物。人里の近くでは、嫁や子どもが間違えて採らぬよう駆除してきたおかげか、いまではめったに見ることはなく、地域によってはドクゼリを探すほうがむつかしくなった。

　いまは**キツネノボタン**たちに気をつけたい。

　艶やかな黄色い花、その中心がぽっこりと盛り上がるかわいらしい様子がユニークであるけれど、見た目と違って有毒。右の写真のように花の時期であれば間違えようもない。けれど新芽の時期はちょっと悩ましい。

　事故の多くは「キツネノボタンという有毒種がある」ことを知らないために起こる。あるいはキツネノボタンはよく知るところであるが、「さすがに新芽の時期までは知らなかった」こともあろう。これは仕方がない。花はよく紹介されるけれど、新芽の図版は意外と少ない。

　田んぼや水辺ではセリが群れて生えるが、その合間を縫ってキツネノボタンが顔をだす。渾然一体となって非常に困る。

　キツネノボタンは**プロトアネモニン**をはじめ複数のアルカロイドで防御をしている。誤って食べると腹痛・下痢に苦しむほか、切り口からでる液が皮膚につくと炎症を起こすことが知られる。

　見分けるには、まずもって「毛」。キツネノボタンは産毛におおわれているけれど、セリはつるっとまっ裸。よく似た**ケキツネノボタン**はさらに毛が多い。

　収穫したとき「香り」を嗅いでみるのもよい。セリにはおなじみの芳香があるけれどキツネノボタンたちにはない。

　そしてなによりも重要なのが、悩んだら、採らない。

第1章　生と死のロンド

キンポウゲ科
RANUNCULACEAE
キツネノボタン
ヤバイ

Ranunculus silerifolius

収穫期：なし
利用部位：なし（有毒）

誤食すれば胃腸を壊す
①茎や葉にまばらに白い産毛
②黄色の花には光沢あり

セリ、ヨモギの群落に混ざって生える。誤食すると胃腸の粘膜を刺激して腹痛、下痢を起こす。写真右側は毛が多いケキツネノボタン。毛が多いので識別がしやすい

キツネノボタン

セリの群落内のケキツネノボタン

ケキツネノボタンの茎。毛がよく目立つ

居所：田んぼや
　　　湿った草地など
背丈：30〜60cm
花期：4〜7月

多年草

P.41図のセリの若芽と比べれば違いは明白。それでも現地では悩ましくなる。これも自然世界の妙

天国への階段
〜ギョウジャニンニク・スズラン〜

　これを食べると精がつきすぎ、修行の妨げになる。だから行者（修行者）は食べるな——この忠告が名前になったともいわれる。

　春先のホームセンターにゆくと**ギョウジャニンニク**の苗がずらりと並ぶ。一時、大ブームを起こした植物で、身近な野菜と思っている人も少なくないと思う。

　本来のギョウジャニンニクたちは、近畿から北の亜高山帯に野生する高山植物で、とても貴重な種族である。このおいしい植物は生長がきわめて遅い。わざとそうする。彼らの人生哲学から学ぶところは多く、大人の階段を、先を急がず、ひとつずつ登る。

　厳しい環境で生き延びるために、発芽から開花まで7〜8年もかかる。芽がでて5年ほどは1〜3枚の葉っぱだけで暮らし、外の様子をうかがいながら、しみじみと栄養を貯蓄する。やがて実ったタネも、その性格はひどく慎重。存分に成熟しているにもかかわらず、タネを蒔いても発芽まで1カ月もかかる（この仲間の野菜たちは数日もあれば発芽する）。ようやく芽をだしても、初めの葉っぱが伸びるのはそれから2カ月も経ってから。やきもきさせられる。

　もっともおいしい時期は5月。何年もかけて栄養を十分にたくわえた株が若芽をだしたときである。茎葉が数センチほど伸びたところを根元から採り、醤油漬けにする。あるいはよく水洗いしてナマのまま食べたり、お浸し、炒め物、ギョウザの具に加えたりして、強烈なニンニクの風味と辛味を堪能する。**アリシン**という成分がニンニクよりも豊富に含まれ、身体を内側から温めてくれるほか、ビタミンB_1の活性を高めるといわれる。

　一度収穫してしまうと、復活までにひどく時間がかかる。よっ

ユリ科
LILIACEAE
ギョウジャニンニク

Allium victorialis
subsp. *platyphyllum*

収穫期：春
利用部位：若芽

ニンニクより強力な風味
①太くひらべったい葉は2～3枚。すべて根元から生える
②花は淡い黄色をまとう白。小花がまん丸に固まる
③若芽には強い芳香と滋味

料理法
お浸し、炒め物、パスタなど

旬のギョウジャニンニク

ギョウジャニンニクの若芽

多年草

居所：近畿以北の山地
背丈：40～70cm
花期：6～7月

旅先の特産品、惣菜によく入っているので風味を確かめてみるのも楽しい。園芸店でも手軽に入手可

て野生のギョウジャニンニクの採取は避けるべきであり、市販される苗でその味を楽しみたい。

さて、テレビなどの影響もあり、深山に隠れ棲んでいたギョウジャニンニクはその名が知られ、家庭で苗が植えられるようになる。ここに新しい問題が起きた。誤食事故である。

もっとも多いのが**スズラン**との誤食。

スズランも、その名は有名であるが、身近にあるのはたいてい**ドイツスズラン**である（**右図**）。とても育てやすく、花が可憐で、香りの高さから香水の原料にされるほど不滅の人気を誇る。西洋では花の咲き姿からLadders to heaven（天国への階段）、Jacob's ladders（ヤコブの階段）という愛称で呼ばれる。別の意味でなるほど、である。食べればもれなく階段を登るはめになる。

日本に野生しているスズランは、北海道をはじめ本州・九州の高山や高原など冷涼な環境にひっそりと棲んでおり、花が咲く位置がドイツスズランより低い（葉っぱと同じ高さか、それより低いことが多い。違いが微妙なため、日本のスズランはドイツスズランの変種のひとつとして扱われることもある）。

スズランが毒草であることは多くの人が知るところで、**強心配糖体**のコンバラトキシン、コンバラトキソール、コンバラマリンが全草に含まれ、特に「花や根」に多い。ドイツスズランも同様で、安易に扱えば例の階段をかけ足で昇るはめになるので要注意。

スズランたちは多くの庭先に植えられている。ここにギョウジャニンニクを植えると新芽の時期に混乱する。

もしもドイツスズランのほうを食べると、頭痛、嘔吐、目まいに襲われ、最悪のケースでは心臓麻痺を起こして絶命した事例もある。毒性は強烈。身近な山や道ばたにギョウジャニンニクたちは自生しないので、採取はやめたほうがよい。

ユリ科
LILIACEAE
ドイツスズラン

ヤバイ

Convallaria majalis

収穫期：なし
利用部位：なし(有毒)

心臓麻痺を引き起こす
①葉は2枚だけ。根元から生える
②花穂の高さが葉先と同程度の高さになる傾向あり（日本のスズランの花穂は葉先より下につく傾向あり）

若芽は葉姿がギョウジャニンニクや野菜のニンニクと間違えやすいので要注意

ドイツスズラン

ドイツスズランの花

ドイツスズランの結実

居所：庭先、公園、畑地など
背丈：15〜20cm
花期：4〜6月

多年草

花姿や香りはこよなく愛らしいが菜園に植えるのは危険。あなたが大丈夫でも家族が間違えることも

道くさくってぼけ防止
〜ノビル・スイセン〜

　かつて日本では、ネギやニラなど独特の香味がある仲間を蒜と呼んだ。**ノビル**という変わった名は野原に生えるこの仲間（野蒜）という意が込められている。**エシャロット**という西洋野菜はスーパーでおなじみ。あの風味が近所の野原で楽しめるのである。

　春から初夏にかけて、郊外の田んぼの畦や草地の中から、緑色した細長い葉がわしゃわしゃと生えてくる。その根元をつまんで引っこ抜けば、葉っぱだけがちぎれ、がっくりする。ハンドシャベルや落ちている木切れで掘ってゆくと、地下5〜10センチほどのところから、ぽっちゃりと太った白い鱗茎がなんだか恥ずかしそうに顔をだす。大きく太っているものほど食べやすく、風味も高い。あらためてそこらを見渡せば、いたるところにノビルが棲んでいることに驚くであろう。もうわしゃわしゃである。

　家にもち帰ったら、よく水洗いして、鱗茎の部分をエシャロットのように味噌をつけてナマでかじる。とたんに痛烈な香味が広がり、季節と収穫の喜びが全身に湧きあがる。

　葉の部分も細かく刻めばニラやアサツキのように薬味となる。椀物、ラーメン、卵料理、炒め物などにお好きなだけ。全草が手軽に楽しめるので、シーズンとなれば散歩帰りの奥様方が「おすそ分けに」と分け合うほど広く親しまれている。

　ノビルは分布が広く、個体数も多い。5月になると、白い膜に包まれたつぼみを膨らませ、白の地色にグレープ色のラインをあしらった美しい花が咲く。この花穂の下におもしろいものがある。褐色の丸い玉コロが肩身を寄せ合っているが、これはムカゴ。やがてポロリと落ちるとここから発芽する。ほかのノビルを見て歩けば、花を咲かせずにムカゴだけのものもある。道理で殖えるわ

第I章 生と死のロンド

ユリ科
LILIACEAE
ノビル
Allium grayi

収穫期：春
利用部位：鱗茎、若葉

心身が目覚める協力な風味
①葉はの切り口が三日月型
②花色は淡いグレープ色
③おいしい鱗茎は意外と深く潜る

料理法
葉はアサツキのような薬味となりスープ、椀物、パスタに。鱗茎は好みの味噌をつけてシャクシャクと

ノビルの花

ノビルの鱗茎

ノビルのコロニー

多年草
居所：田んぼ、公園、草地など
背丈：50〜80cm
花期：5〜6月

平凡だけれど有名なうまい雑草。5個くらいはおいしく食べられるが、たくさん食べると途端に胸焼けする

49

けである。安心して収穫を楽しめる。

　さて、ノビルとまるで違うものに**スイセン**がある。不思議で仕方がないけれど、本当にまるで違うのに誤食事故が絶えない。

　スイセンには多くの種類があるけれど、どれも**有毒**。**ガランタミン**、**リコリン**、**タゼッチン**などが全草に含まれ、特に球根部に多い。もし摂食すれば下痢、頭痛、麻痺に襲われ、重篤な場合は死に至る。これでもなかなか気がきいた毒草で、すぐに強烈な嘔吐に襲われるといい、そのおかげで重症になる例は少ない。有毒なガランタミンは小児麻痺やアルツハイマー病の特効薬原料としても注目されているが、「ぼけ防止」には食べるより春の野原を観察するほうが効果的。

　春、スイセンは地面からちいさな若葉を伸ばすけれど、どれも決まってひらべったい。一方ノビルの葉は丸っこく、よく見ると三日月型。しかも切り取ると強烈なニラの香りがするのでわかる。

　あるとき、学校の理科教諭が課外授業でもってノビルとスイセンを取り違えて食べ、誤食事故を起こした。この先生の経験をむだにしないために、いまあらためて注意したい。

　スイセンの若葉に似ているのは、むしろニラであろう。形はそっくりであるし、ひらべったくもある。ニラの葉には臭気があるけれど、スイセンにはないのでやはり区別がつく。

　人里の近くであると、ニラはたいへんよく殖え、そこらじゅうに逃げだしているし、スイセンもやたらと植えられているので若葉の時期は間違えやすい。スイセンの毒性はとても強く、切り口からでる液体も皮膚につくと炎症を起こすことがある。園芸種だからと軽く思わず、取り扱いには十分に注意したい。

　実に個人的な話であるが、スイセンの花と香りがどうも苦手で仕方がない。理由は特にないけれど、同じ人はいないだろうか。

第1章　生と死のロンド

ヒガンバナ科
AMARYLLIDACEAE
スイセン

ヤバイ

Narcissus tazetta var. *chinensis*

収穫期：なし
利用部位：なし（有毒）

知らないと怖い種族
①葉は平らで太め
②花色は白と黄色のツートン（花が大きく黄色い種はラッパズイセンの仲間であろう。有毒）

ノビル、ニラと誤食する事故が起きる。スイセン、ヒガンバナ、野菜のニラはまるで別種なのに、葉姿は意外によく似ている

スイセン

ヒガンバナ　スイセン
（有毒）　（有毒）

ニラ（野菜）

どの葉もそっくり。慣れると根元・葉色・肌触りで簡単に区別できる。家庭では植えるものに気をつけたい

多年草

居所：公園、庭先、畑地など
背丈：30〜40cm
花期：12〜3月

スイセンの品種は多彩で育てやすい。原種系のブルボコディウムはミニサイズでとてもかわいい人気種

猛毒草と高級スパイス

～イヌサフラン・サフラン～

　イヌサフランは、ヨーロッパや北アフリカを原産とする植物で園芸店にゆくと**コルチカム**という名で球根が売られる。秋にあざやかなピンク色した大きな花を咲かせるので女性に愛される。男性にとっては、球根をテーブルやデスクに転がしておくだけで開花することと、強烈な毒草という点で人気を博したことがある。

　イヌサフランは春先に若芽をだし、葉を広げるが、夏には枯れて消える。死んだかと思いきや、秋になると大きな花束を佳麗に広げる。色彩がよく映え、庭園を飾るにはうってつけ。一度植えつけたら放っておいても毎年それは律儀に花を咲かせてみせる。

　このイヌサフラン、あらゆる時期に誤食事故を招く。

　球根が**ジャガイモ**や**タマネギ**と間違われ、新芽の時期は**ギョウジャニンニク**と勘違いされ、花の時期、その雌しべをサフランのそれとすっかり誤解して中毒事故が起きている。

　イヌサフランには**コルヒチン**、**デメコルシン**などの刺激物質が存在し、誤って摂取すると嘔吐、下痢を起こすほか呼吸麻痺にいたることも。園芸店では**ウォーター・リリー**という仲間が売られているが、これも同様の毒性を示すため注意したい。

　事故を防ぐには、キレイだからと気軽に家庭菜園に植えるべきではなく、どうしても花を楽しみたい場合は、収穫作物のそばから離して植える。

　ギョウジャニンニクとの区別はとても簡単。特有のニンニク臭を確かめる。イヌサフランにそれはない。

　ところで有毒なコルヒチンを使って人間はおもしろいことをやっている。コルヒチンには**染色体異常を起こす作用**があり、これを応用したのが「種なしスイカ」である。

ユリ科
LILIACEAE
イヌサフラン
Colchicum autumnale

ヤバイ

収穫期：なし
利用部位：なし（有毒）

胃腸を壊し呼吸麻痺も
①葉は春から伸びて夏に枯れ、秋の花の時期は葉がない
②花は淡いピンク。花弁は開かずツボ状に咲く

次項のサフランと誤食される。球根は畑野菜と間違えられることも

イヌサフラン

イヌサフランの若苗

イヌサフランの葉姿

居所：公園、庭先、畑地など
背丈：15〜30cm
花期：9〜10月

多年草

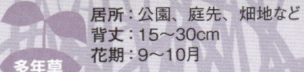

花姿は有名でも若芽・葉姿を知る人はとても少ない。頑丈で美しい種族なので育てて学ぶ楽しみも

続いての**サフラン**は地中海沿岸を原産地とし、1gあたりの価格**ではもっとも高価なスパイス**のひとつ。雌しべと雄しべだけを使うため1ポンド (0.45kg) を収穫するのに必要な耕作面積は、サッカーフィールドかそれ以上が必要。最良の品質を得るには時間との戦いとなり、栽培地では昼夜交代で収穫を急ぐ。

　日本での栽培は意外にも簡単。球根を買い求め、庭先に植えておけば毎年11月ごろ開花する。紫の花から3本の赤い紐が垂れてくるが、これぞもっとも珍重される雌しべ。パエリア、リゾット、サフランライスなど各地の名物料理に欠かせないスパイスとなり、同時に重要な薬草として敬愛される。紀元前より解熱、鎮痛、胃腸薬、月経不順などに用いられるほか、近年はがんの抑制、抗酸化作用（アンチエイジング）なども注目される。ただし人体での薬理効果はいまだ不明な部分が多い。

　サフランの致死量は12～20gといわれる。一般にはまったく知られていないけれど、強烈な刺激作用をもつ、ある意味立派な毒草であって、1日に5g以上摂食すると、めまい、嘔吐、血便や血尿、粘膜部からの出血を起こす。ふつうに食事のスパイスとして食べるぶんにはまったく問題なく、しかし薬の効果を期待して大量摂取すると危険が生じる。これもまた自然の妙である。

　イヌサフランとの区別は「葉」。サフランは花の時期に葉をだすけれど、イヌサフランは花期に葉がない。形もまるで違う。

　庭先で咲いたサフランから、ぴちぴちした雌しべを6～9本ほど収穫する。これを日干ししてからハーブティーに。思わずため息がもれ、笑顔がほころぶやさしい味わいに心までほこほこしてくる。育てたものだけが味わえる最高の滋味。焼きたてのクッキーといっしょに、ぜいたくなアフタヌーン・ティーを。

アヤメ科
IRIDACEAE
サフラン
Crocus sativus

収穫期：秋（晩秋）
利用部位：雌しべ

スパイス界のセレブリティー
① 花期にも葉が茂る
② 朱色の雌しべが高級スパイス

料理法
サフランライス、リゾット、スープなど広範囲。新鮮なサフランティーは簡単で風味絶佳。雌しべ6〜9本をティーポットに入れてお湯を注ぐだけ。心の奥まで温まる

サフラン

サフランのつぼみ

サフランの若芽

多年草
居所：公園、庭先など
背丈：10〜15cm
花期：10〜11月

最高級のスパイスは意外と育てやすい。葉姿といい花といいエレガントの極み。晩秋を飾る名花

道ばた毒草ガーデン
～ヒレハリソウ・キツネノテブクロ～

10年ほど前になるだろうか。わが家の周りにも**ヒレハリソウ**の大流行が押し寄せてきた。昭和40年代から数えて2回目のブームであり、健康野菜として主婦の間でうわさが広がり、母も友人に誘われてヒレハリソウ料理を食べた。

「もう、とにかくマズい。私はダメ」ということで、わが家の食卓に乗ることは決してなかった。

ヒレハリソウは**コンフリー**の和名。ヨーロッパ原産のハーブとして紹介され、やたらと植えられ、いまやそこらじゅうで野生化している。毒性が判明して放棄されたのである。

2004年、厚生労働省医薬食品局はコンフリーの食用を避けるよう通達をだした。**ピロリジジンアルカロイド**などを含み、肝機能障害（肝不全、肝硬変など）の恐れがあり、アメリカ、カナダ、オーストラリアで規制が行われていることもあわせて紹介している。

それまでは多数の文献で食用になると紹介され、茹でたり、天ぷら、炒め物にするレシピが紹介されたが、熱を通しても毒性が軽減するデータは存在しない。もちろん多少たしなむ程度なら問題ないと思うし、国内での健康被害はいまのところ聞いていない。ただ、図書館や書店で販売されるハーブや野草料理の本にはそのまま紹介されていることがあるので、あらためて注意をしておきたい。

コンフリー自体は、なかなか存在感がある大型のハーブで、赤紫のベル型した花を鈴なりにする様子は独創的な美しさがある。

生命力も旺盛で、こぼれダネでよく殖える。庭先から逃げだしたものが道ばたや荒地で野生化しているのをよく見かける。観賞用として、またはこの葉を堆肥に混ぜて土の栄養価を改善

第1章 生と死のロンド

ムラサキ科
BORAGINACEAE

ヒレハリソウ
（コンフリー）

ヤバイ

Symphytum officinale

収穫期：なし
利用部位：なし（有毒）

肝機能障害の危険あり
①ツボ状の小花が垂れて咲く
②大きな葉は毛深くゴワゴワ

食用にされなくなったいまも、庭先では盛んに栽培される。丈夫で花つきがよく、栄養分が豊富なので堆肥になる

ヒレハリソウのコロニー

ヒレハリソウの花

居所：畑地や住宅地の道ばた
背丈：40〜120cm
花期：5〜7月

多年草

花が特徴的なので憶えやすい。近年道ばたに多いのはヒレハリソウとオオヒレハリソウの雑種とされる

するのにも役に立つ。用途さえ誤らなければいまも有用なハーブである。

続いて**キツネノテブクロ**（＝ジギタリス）であるが、これもガーデニング人気によって拡散し、野生化している猛毒草である。

ユニークな名前は英名フォックス・グローブの直訳に由来する。「キツネが家畜小屋を襲う前、足音を消すためにこの花を履いてから忍び込んだ」という逸話がある。別の物語では「とある森にとても賢い妖精がいたが、悪戯がすぎて女神の怒りに触れてしまう。森の奥に連れていかれ花に変えられたが、女神はその知恵を惜しんで美しい姿にしたけれど、誰も近づかぬよう猛烈な毒をもたせた」とある。キツネノテブクロは全身に**ジギトキシン**などの**強心配糖体**が含まれ、特に「葉に多く」ある。かつて心臓病の妙薬とされたが副作用が強く敬遠された。いまも心臓病の製薬原料として栽培されているのは**ケジギタリス**という別種で、ややマニアックなハーブガーデナーたちが使うくらいである。

葉っぱの時期であるとコンフリーの葉と間違えたり、子どもが菜っ葉だと思って食べてしまう事故が起きた。軽度の場合は嘔吐、頭痛、下痢ですむけれど、不整脈や心臓麻痺を起こすことがある。園芸店や種苗店ではジギタリスの名で気軽に買えるけれど、食用野菜を育てる家庭菜園などに混ぜて植えるべきではない。

庭造りのうえでは、その優美さと圧倒的な存在感はほかに変えがたく、寒さにも強く、手間もかからず、とても重宝している。タネつきもよく、発芽率も抜群であるため、こぼれダネが風に舞いそこらじゅうに広がってゆく。共同菜園などで栽培すると隣の畑地で発芽し、本種を知らない菜園主が植えた野菜と間違える恐れがある。なにしろ女神を悩ませたほどの知恵と猛毒をもつのだから「この妖精は一筋縄ではいかぬのだ」とお心得おきを。

第I章　生と死のロンド

ゴマノハグサ科
SCROPHULARIACEAE
キツネノテブクロ（ジギタリス） ヤバイ

Digitalis purpurea

収穫期：なし
利用部位：なし（有毒）

強烈な心筋毒がてんこ盛り

①花色、種類は多彩。基本種の花色は赤紫
②葉はやわらかく軟毛がおおう

葉姿の雰囲気が菜っ葉の仲間にそっくり。子どもの誤食事故などを誘発するため、家の庭先や菜園には不向きといえる。写真右下は製薬原料のケジギタリス

キツネノテブクロ冬の葉姿

ケジギタリス

キツネノテブクロ各種

多年草

居所：畑地や住宅地の道ばた
背丈：60〜180cm
花期：5〜7月

近代製薬化学に大転換をもたらした記念碑的薬草。この記念碑、いまや日本の道ばたで自慢げに林立

59

だいたい毒草、ときどき山菜
〜エンゴサクの仲間・ケマンの仲間〜

　ここで挙げる植物はいずれも**ケシの仲間**。ご想像のとおり有毒なアルカロイドを含む毒草であるが、たった2種だけ例外がある。

　まず**ヤマエンゴサク**。エンゴサク（延胡索）という変わった名は漢方薬の名前からきており、地下にこさえる丸い塊茎（かいけい）を鎮痛、鎮痙、浄血などの目的で用いる。本州から九州にかけて広く分布しており、山林や沢沿いで静かに暮らす。清流のそばで冷たく冴えた色彩を浮かべる様子は心を惹きつけて離さない。

　4〜5月のかぎられた時期だけ出現して、この地上部が食用になる。沸かしたお湯に軽くくぐらせ、水にさらしてお浸しに。美しい花はそのままサラダに飾りつけてもよい。注意すべきは、とにかく花がない時期の採取は避ける。葉っぱの形は地域によって変異が多く、ほかの有毒なエンゴサクと混乱しかねない。

　もうひとつ、**エゾエンゴサク**は、東北・北海道の林内に育つ種族で、アクアブルーの花色もあざやかな春の麗人。この仲間ではもっともおいしい種族といわれるが、生息地が北国に集中しているのでなかなかお目にかかれない。調理の仕方はヤマエンゴサクと同じでシンプルに味わう。思いのほかクセがないという。
「花の全体」が淡いブルーに染まっていれば、この2種である可能性が高いけれど、慣れないうちは危険。むしろ出逢うことができたとき、標本を取り、宿や自宅でコーヒーを片手に図鑑を紐解き、エンゴサクの造形の妙を堪能してみたい。変異が多いため識別は悩ましいけれど、書物にない新発見が楽しめる。

　すぐ身近には**ジロボウエンゴサク**がいるであろう。食用にならない種族であるが、都会的なツートンの色彩がとても愛らしい。やや日陰の道ばたや草地でしんみりと咲いている。

第1章 生と死のロンド

ケシ科
PAPAVERACEAE
ヤマエンゴサク

Corydalis lineariloba

収穫期:春
利用部位:若葉、花

山野の物静かな味わい
①花色は淡いスカイブルー
②葉の形は一定しない(地域、固体により変化が多い)

料理法
若葉はお浸しやサラダに。花もサラダや酢の物として

※写真右下はジロボウエンゴサク。身近にいる仲間だが食用不可

ヤマエンゴサク

ヤマエンゴサク(葉の一例)

ジロボウエンゴサク

多年草

居所:山地の林内、渓流沿い
背丈:10～20cm
花期:4～5月

本種の葉は円形から緩やかな羽状まで変異が多彩。こういう種族もめずらしく日本の旅の楽しみとなる

今度は**ケマン**類である。

こちらは身近に生える仲間たちで、もっともおなじみなのが**ムラサキケマン**。ケマン（華鬘）とは仏像や仏殿につける花飾りの仏具で、花の形がそれに似ていることに由来する。

ムラサキケマンはうす暗い林やヤブの足元などで群れて咲いている。背丈はとても低いけれど、濃厚なグレープ色の花が咲き乱れている姿は、なるほど神妙な風情があっていい。葉と花のコントラストも抜群で、明るいライム色した葉には繊細で美しい切れ込みがあり、野趣とともに優美さを感じさせる。

本種には**プロトピン**などの有毒なアルカロイドが含まれ、誤食すると嘔吐、瞳孔の異常、心臓麻痺などを起こす恐れがある。道ばたでごくふつうに見られるが、ほぼ無傷で育つのは摂食する動物がほとんどいないことにある（ウスバシロチョウの幼虫はこれを食べて育つが、この美しいチョウは身近に少ない）。

ケマンには黄色い花が咲く種族もある。

海岸の近くにゆけば道ばたに**キケマン**が咲く。これはもっとも豪快な種族で、ややくすんだオレンジ色っぽい花をぜいたくに飾りつける。

山に入るとハイキングコースの道ばたではミヤマキケマンが華やいでいる。とても甘そうなレモンイエローの花が印象的。これも葉っぱとのコントラストがきわめて秀逸であるように思う。

キケマンにはほかにも仲間がおり、実のところ識別がむつかしい。本書の場合、地元の自然誌・植生誌を参考にして図鑑で同定した。生えている地域と結実の姿で区別することになる。

あなたのご近所にはどんなキケマンが咲いているのであろうか。しばしば園芸用に栽培しているものが逃げだしていることであろう。アリンコたちが好んでこのタネを運ぶのである。

第1章 生と死のロンド

ケシ科
PAPAVERACEAE
ムラサキケマン ヤバイ
Corydalis incisa

収穫期：なし
利用部位：なし（有毒）

誤食で心臓麻痺の危険あり
①花色は濃厚なグレープ色
②葉の形は手のこんだ羽状様

ムラサキケマンは道ばたでもっともポピュラーな種族。写真右上はキケマンで、右下がミヤマキケマン。いずれも有毒で食用にならない

ムラサキケマン

キケマン

ミヤマキケマン

二年草
居所：雑木林の林縁、道ばた
背丈：20〜50cm
花期：4〜6月

濃厚なグレープ色した花が特徴。結実した姿は祭り飾りの賑やかさがありおもしろい。散歩の楽しみに

毒蛇たちの甘味な誘惑
〜マムシグサの仲間〜

とにかくおかしな野草で、平凡な雑木林やヤブからひょっこりと生えてくる。これほど奇妙な姿をしていても意外と気づかれることがない。

マムシグサ（蝮草）は、茎に浮かぶ、いかがわしいだんだら模様がマムシの身体に見立てられた。そしてこの仲間はどれも毒をもっている。

うす暗い日陰や湿った斜面に見られ、まれに群落をこさえ、そこらじゅうからにょきにょきと生える姿はかなり異様。やがて茎先に仏炎苞と呼ばれる花穂を乗せるが、その形、色彩は変化に富み、それこそ地域によって違うほど。なかには、**ウラシマソウ**、**ユキモチソウ**など奇妙奇天烈な姿に進化したものもあって、散策や育成の楽しみは尽きない（⇒P.67図版）。

本種は栄養状態によって**性転換**することも知られ、発芽から数年ほどの貧乏なうちはオスで過ごし、根っこが裕福になるとメスに変わりタネをこさえる。夏には緑色した実がでてくるが、秋冬になってまっ赤に熟す。

大きく開いた葉も、本当のところはたったの2枚しかない。これを鳥足状に裂き、パラボラアンテナみたいに広く展開して太陽光を集めるといった省エネの工夫を凝らしている。見た目と違い、なかなか賢い。

食いでがあるように思えるが、全草が有毒で、**サポニン類似物質**を豊富に含む。マムシグサにとってもっとも大切な球茎には**シュウ酸カルシウム**の針状結晶がたんと含まれ、口に含むと口腔内や食道粘膜がひどく傷つき腫れあがる。風味にはやや甘みがあるとも聞く。去痰、鎮痙、肩こりなどの妙薬として使われること

サトイモ科
ARACEAE
マムシグサ

Arisaema serratum

ヤバイ

| 収穫期：なし |
| 利用部位：なし(有毒) |

食べると粘膜が傷だらけに
① 巨大なロウソク状の花穂
② 2枚の葉が羽状に避け、傘のように広がる

しばしば食用、薬用と紹介されるが、刺激性が非常に強い。ユニークな姿が人気で栽培されることも

マムシグサの結実

マムシグサの緑型

マムシグサの球茎

多年草

居所：雑木林の林縁、道ばた
背丈：50〜80cm
花期：4〜6月

巨大なロウソクを思わせる奇異な風貌が魅力。あざやかなグリーンからシックなブラックまで彩り多様

もあるが一般的には決して行われない。

　赤く熟した果実はとてもおいしそうに見えるが有毒。「お子さんがある家庭では十分な注意を」と呼びかけられている。

　ごく例外的に食用されるものに**コウライテンナンショウ**が知られる。テンナンショウにも豊富な種類があるけれど、すべてマムシグサの仲間であり、その姿や性質は同じ特徴をもつ。

　コウライテンナンショウの特徴は、①仏炎苞（花穂の部分）が葉の上に飛びだしてつき、②仏炎苞の模様が緑色に白いストライプで、③葉っぱが細めであること。

　晩秋、この球茎を掘り起こし、茎が生えている部分をナイフで切り捨ててから、球茎を炉で熱せられた灰に突っ込んで焼くか、蒸したり煮たりして食べるのがアイヌ流であったという（橋本郁三）。厳冬の地にあって貴重な**デンプン**、**ミネラル類**を摂るための英知であり、こうした下処理で刺激を弱めた。

　がしかし、あなたがこれを試す差し迫った事情はちょっと考えづらい。もしも誘惑に負け、悪戯心を起こし「食べてみよう」と思ったときのため、もうひとつだけご進言をば──。

　初めて訪れる土地でマムシグサの仲間を見分けるのは、上級者でも至極困難である。おそらくあなたが見つけたのは**マムシグサ（緑型）**か**ムロウテンナンショウ**などの有毒種。誤って食べれば粘膜がひどい炎症を起こし、虚脱、嘔吐症状で苦しむことに。

　マムシグサの分類と識別法はきわめて微妙で、その土地ごとによく調べてみないと確定できない。道ばたで出逢ったものを写真に撮っても、生態、季節ごとの変化、土地の植物分布記録などをあたらないかぎり、Webや図鑑で簡単にできるものではない。

　どこまでも枠にはまらない危険で自由なマムシたちであった。

サトイモ科
ARACEAE
ウラシマソウ

ヤバイ

Arisaema thunbergii
subsp. *urashima*

収穫期：なし
利用部位：なし（有毒）

毒性は粘膜損傷に腎臓障害
①花穂は葉の下につく
②花序の先端につく附属体がムチのように長く伸びる

こちらも食用にはならないが、野山を歩く楽しみには十分。日本の山野は珍品・絶品の山野草がもりもりと育つ

ウラシマソウ

ユキモチソウ
近畿以西で自生する。園芸店で入手可。清楚でかわいらしくあるが、毒性は強い

多年草

居所：雑木林の林縁、道ばた
背丈：40〜50cm
花期：4〜5月

ウラシマソウの花穂から長く伸びたものは浦島太郎の釣り糸。多数を実測したら60〜80cmもあった

第2章

雑草美食倶楽部
〜その雑草、結構うまいです。
ええ、食べ方はですね〜

あの道くさはまさしく野の菜。うまいどころか
自然を育む「乳母」のように振る舞う。
平凡だけれど非凡な生命があなたの足下で
仕事に励む。なんともそれは楽しそうで。

鬼も十八、番茶も出端

——春の料理には苦味を盛れ

　このことわざのとおり、山野の旬は強い風味をもって絶品とされる。いよいよ生長を始めようとする植物たちの、生命力にあふれた滋味。やさしい甘味とみずみずしい口あたり、ときにはアクの強さとなってわたしたちの心身を心地よく目覚めさせてくれる。

　いつも目にする道ばたや荒地も、見方を変えれば思いもしなかった宝の山。平凡な雑草が暮らしの助けになり、意外な美しさに驚かされ、地味な花でも調べてみれば貴重な絶滅危惧種であったりと発見は尽きることがない。そしてうまい野草というのが、ごくごく身近にたんと残されていることに気がつけば、わたしたちがどれほど恵まれた世界に住んでいるかを実感できる。成熟した大人なら、ここで遊ばぬ手はない。

　人生と道草を楽しむに、もっとも重要となるのが「旬」。
「鬼も十八番茶も出端」とは、なにごとにも絶妙なタイミングがあるのですよという意味があり、どれほど器量が悪い娘でも、年ごろになればそこはかとなく色っぽくなるものだし、安い番茶にしても一番茶の風味はたまらないという妙味を言い表している。

　しかし人間はよくもまあ、この見栄えのしない路傍の道草を食べたものである。それも旬を押さえ、選りすぐりの料理法を組み立て、存外な風味を引きだしてみせる。まさしく英知。平凡な暮らしのなかで、季節ごとのちいさな幸せをたんと味わい、育むことは、なかなかすばらしい「自然科学の探究」であるように思う。

　山野の恵みは「個性的なクセ」を楽しみつつ、「旬を狙う」ことがキーワードになるだろう。

　ともかくメインディッシュたちに登場してもらうことにしたい。

道ばたで腕試し。あなたの「目利き」次第
同じ種族の植物でも「風味の差」が格段に違います

| 【おいしく食べられる種族】 | 【食用にむかない種族】 |

カタバミの仲間　P.80〜83

カタバミ 　　ムラサキカタバミ 　　アカカタバミ 　　イモカタバミ

ケイトウの仲間　P.100〜103

イヌビユ 　　ホソアオゲイトウ 　　アオビユ（ホナガイヌビユ）

ギシギシの仲間　P.136〜139

ギシギシ 　　エゾノギシギシ 　　アレチギシギシ 　　ナガバギシギシ

脂料理にちいさなクレソン
〜タネツケバナ・オオバタネツケバナ〜

　このちいさな雑草は園芸家に手痛い抗議をすることで知られる。タネをつけた時期に引っこ抜くと、豆鉄砲をパチパチと撃ってくる。たいてい群れで暮らしているから、このただなかに飛び込むと、「ひゃあ」だの「うへえ」だの冗談でなく存外な迫力に悲鳴をあげる。

　これがなかなかうまい。**タネツケバナ**にはクレソン（肉料理に副えられる野菜）を思わせる刺激的な風味があり、ちょっとした辛味が絶妙（その姿もクレソンの縮小版といえる）。

　まず旬であるが、基本的に、ない。少なくとも現代ではない。

　そこらじゅうの道ばたにあるが、耕作地や野原の草むらには特に多い。年中生えているので、若葉は好きなときに採れるし、つぼみをつけた花茎を好きな長さで切り取れる。

　ポイントはさっと茹でること。ナマの葉にはエグみがある。これを除きつつ、ぴりっとした辛味としゃきっとした歯ごたえは残したい。湯の中でさっと躍らせたら、すぐ流水にさらす。

　そのままお浸しとして楽しむほか、脂っこい料理（たとえば肉料理）に副えれば相性抜群。ゴマやクルミ、あるいはマヨネーズなど、油分があるものと和えてもおいしいといわれる。

　水洗いしたものをそのままかじっても野菜のような風味である。見た目の青臭さはどこにもない。

　タネツケバナは、あらゆる場所に潜り込み、ひまさえあれば花を咲かす。おいしいつぼみつきの花茎も、一年中収穫できるのはよいとして、こうひっきりなしに開花・結実・タネの射撃をされても、園芸家としては難儀する。引っこぬくのはとても簡単。しかしその数が尋常でない。湧いてくるのである。

アブラナ科
CRUCIFERAE
タネツケバナ
Cardamine flexuosa

収穫期：通年
利用部位：若芽、若葉

辛味が効いたサラダ菜感覚
①やわらかい茎葉を収穫
②つぼみがついた茎葉も食べられる

料理法
お浸し、ドレッシング、マヨネーズ和えなどで気軽に楽しめる

タネツケバナのコロニー

タネツケバナの葉姿

タネツケバナの花

二年草

居所：草地、道ばた
背丈：10～30cm
花期：4～6月

どこにでも棲みつくミニ雑草。庭や畑に生えるとやっかいだが食べてみれば意外と美味。葉姿もかわいい

もの静かな山地にゆくと**オオバタネツケバナ**と出逢う。
　見た目はタネツケバナそっくり。一瞬、仕事の脊髄反射でゾッとするが、やや大ぶりで柔和な雰囲気を漂わせている（厳密にいうと分類学においては、両者の差異は微妙である）。
　やや湿り気のある道ばたでちいさな花を咲かせているが、どういうわけでか、タネツケバナみたいな盛大なコロニーは見たことがない。その代わりに太めの茎をすっくと立ち上げ、葉を大きく広げて、ささやかな木漏れ日を気持ちよさそうに浴びている。
　オオバタネツケバナも、まったく同じように食用とされるが、風味のほどはタネツケバナに軍配をあげる人がある。日陰に多いせいか、やや大人しい味になりがちというのがその理由。クセが少ない野草がお好みにあうならこちらがオススメとなる。

　5月。のどかな郊外を歩けば、タネツケバナたちが田んぼを埋め尽くすように季節を謳歌する。開花である。星の数ほどの小花をあしらい、見事な白い絨毯となって広がる姿は、形容しがたい美しさにあふれている。仕事でほとほと困らされているけれど、このちいさな雑草の愛らしさに心をやられてしまう。みずみずしい葉の緑に、ぷりっとした清純な十字花。やがて実る、こ憎らしい弾倉がごとき鞘にしても、群落となってそそり立つ姿は得もいわれず。ゴシック調の教会尖塔を思わせる、なかなかの威容。
　くやしいかな、今年も連中にひざまずかされ、じっと見つめ、写真に収める。そして早々と実った鞘をちょんと突く。
　パチパチパチっ！　ものすごい勢い。どうにもくせになる。
　こうしてみずから火種を蒔いて、いらぬ苦労を背負い込んでいる。
　パチパチパチっ！　顔に当たるとなかなか痛い。愉快痛快。

アブラナ科
CRUCIFERAE
オオバタネツケバナ
Cardamine regeliana

収穫期：春、夏
利用部位：若芽、若葉

タネツケバナよりやさしい味
①収穫はタネツケバナと同様。風味は柔和
②タネツケバナよりずっと大柄で茎が立ち上がりよく茂る

料理法
タネツケバナと同じ。肉料理の添え物にも

オオバタネツケバナの花

オオバタネツケバナ

オオバタネツケバナの葉

多年草

居所：丘陵や山地の林内など
背丈：20〜30cm
花期：3〜6月

山地付近のやや湿った道ばたで茂っているがとにかく地味。気づいた人はすばらしい観察眼のもち主

生春巻きと天ぷらでお片づけ
〜ドクダミ・ツルドクダミ〜

　日本全国津々浦々、自然を愛する園芸家のみなさんがコヤツを引っこ抜く総量は、もはや東京ドーム何杯分という単位であろう。**ドクダミ**は、それでも消えない、あきらめない。

　ひどくじめじめとした家の北面。ここに冷たい瓦礫を敷いたところで、いつのまにかドクダミ天国にされてしまう。豊かな菜園・庭園にもあいさつなく忍び込み、ウイルスなみにぶわっと殖える。なによりも厳しいのがあの臭い。鼻を突き上げる、キョーレツにすぎる刺激臭。

　あるとき、アジア料理店にて、ドクダミ入りの生春巻きがでてきたことがある。断固、飛び上がってイヤイヤをした。ムリヤリ食べさせられたが、なんと、うまかった。

　あの刺激臭を消す方法がある。簡単なことであった。

　ひとつの方法は、根気よく水にさらす。3時間より半日、あるいは翌日までならより確実で、まったく抜けるわけではないが、なんとかイケるまでになる。

　もうひとつは、生の葉に包丁を入れて天ぷらにする。高温であるほど臭気が薄まり、あるいはまったく気にならなくなるのだという。包丁を入れることで油の中で弾ける心配もなくなる。

　決して試したくもないが、あのいやらしい悪の権化ともいえる根茎を食べる地方もある。生白いアレを、茹で、水にさらし、ダシや味噌、醤油などで漬ける。特に味噌との相性がよく、臭みをよく抑えるという。ただ、あの根っこであるからして、臭みは相当残るようで、食べ慣れないとキツいらしい。根茎は一年中収穫できるが、たいがいイヤでも収穫せざるを得ない。

　そこまでしてドクダミにこだわるのは、やはり薬効であろうか。

ドクダミ科
SAURURACEAE
ドクダミ
Houttuynia cordata

収穫期：通年
利用部位：若芽、若葉

臭みを調製するとやや美味
①開花前の茎葉を摘む。強烈な刺激臭がある
②地下茎も食用になる。強い臭気に満ちている

料理法
若葉は天ぷらやお茶に。地下茎はきんぴら、味噌漬けなどにされる

ドクダミ

ドクダミの葉姿

ドクダミの根茎

多年草

居所：丘草地、道ばたなど
背丈：10〜30cm
花期：6〜7月

園芸種もあるほど美しいフォルムをもつ。無節操に殖えるのが難点。強烈な臭気をもつのですぐわかる

かつては毒消しや解熱の手軽な民間薬として、現代ではダイエット、アンチエイジングなどとして、時代の合間にしばしばブームを巻き起こす。近所の農産物売り場に行けば、思わず目をおおいたくなるほど大量のドクダミが「健康茶用」として鎮座し、値札をひけらかしている。西洋では観賞用としても人気で、白い総苞片（花びらに見えるもの）が十字に咲くので教会にも植えられる。

　ドクダミの収穫期は晩春の5月ごろといわれる。が、最良の新芽は頼まなくとも冬もでる。地上部は、夏の終わりごろから枯れ始め、やがていっせいに消えてしまう。安堵してはいけない。地下で陰険なゲリラ活動を展開しており、秋からひょっこりと新芽を立ち上げてくる。これを引っこ抜くと、白い根茎がズルリと抜けてくるが、これはトカゲの尻尾切り。地下20〜30センチの深みでもって、広大なネットワークを築いているため駆逐はまず不可能。これほど悪質な工作活動をするのは、**スギナ**（ツクシ）、**ヒルガオ**、**ヤブカラシ**などが知られる。長い根っこを辛抱強くたぐって引っこ抜いたときは、なかなか壮快。ガーデナー同士で自慢し合って楽しむが、こうでもしないと辛くて涙がこぼれそう。

　よく似た名前の植物で**ツルドクダミ**というものがある。名前はドクダミであるが、血縁はまったく違ってタデの仲間で、葉っぱの姿がドクダミと似ているからその名がついた。

　このツルドクダミも薬効が高く、由緒ある薬草園では専用の棚まで設置され、大切に栽培されている。名前のとおり、ツルを伸ばしてぐんぐんと生い茂る。ドクダミにも劣らぬすさまじき生命力のもち主とお見受けする。いくら高名な薬草であるとしても、育てる勇気はいまのところもちあわせていない。

　ドクダミで手一杯、お腹いっぱいでございます。

タデ科
POLYGONACEAE
ツルドクダミ
Pleuropterus multiflorus

収穫期：通年
利用部位：塊茎（薬用）

倦怠や疲労を内側から浄化
①春の若芽や若葉を摘む
②秋にできる地下の塊根は漢方薬に

料理法
秋の塊根は日干しして煎じる。強壮、神経衰弱、血液浄化作用にすぐれる

ツルドクダミ

ツルドクダミのツル

ツルドクダミの葉姿

多年草

居所：公園、草地など
背丈：つる性
花期：8〜10月

外来の薬用植物だが日本各地に野生化している。各地の薬草園では広く栽培されている重要品目

スズメのお茶うけ
〜カタバミの仲間〜

　もっとも愛すべき雑草であり、あらゆる意味でエグい生き物。人間と彼女たちとの陣取り合戦は常に熾烈をきわめている。

　カタバミ。別名ゼニミガキといわれ、この葉に**シュウ酸**が豊富に含まれており、硬貨を磨くとピカピカになる。シュウ酸には酸味とエグみがあるため、食用にむかない。これを逆手にとっておいしく食べるアイデアがある。花と葉を刻んでサラダにするというシンプルなものであるけれど、キュウリ、キャベツなどクセのない野菜と合わせれば味に変化がでて楽しめるようになる。ここに生ハムを加えてもおもしろいと思う。あるいはめん類の薬味にしてもおいしいという（橋本郁三）。

　もうひとつは花と葉をよく洗い、熱湯で茹で、水にさらしてアクを取る。エビや野菜といっしょにかき揚げにして楽しむアイデアも紹介される。

　カタバミは一年を通して収穫できる。生えるというより、湧いて、あふれて、ほとばしる。どれだけ採ってもちっとも減りやしない。注意すべきは、食用にされるのがカタバミとムラサキカタバミであり、ほかのものと区別する必要があること。これがなかなかおもしろい。

　カタバミは、右図のとおり、あざやかなレモン色の花を咲かせ、明るいライム色の丸葉を広げている。同じような場所に**アカカタバミ**がいて、葉が暗い紅色で、花にもやや赤みがさす（ただし緑の葉のアカカタバミや、暗赤色が薄いウスアカカタバミもある）。

　オッタチカタバミは、知っていると自慢の種になる。花と葉といい、見た目はカタバミのそれで、生える場所もまったく同じ。区別できる人はまだ少なく、話のネタにはうってつけ。その名の

カタバミ科
OXALIDACEAE
カタバミ

Oxalis corniculata

収穫期：ほぼ通年
利用部位：葉、花

かわいい姿と酸い味を楽しむ
①花も食用可
②若い茎葉を摘む。強い酸い味がある

料理法
サラダ、薬味、天ぷら。カタバミの花と葉を野菜と混ぜて一夜漬けに

アカカタバミ

カタバミのコロニー

オッタチカタバミ

多年草
居所：公園、草地、道ばたなど
背丈：10〜30cm
花期：ほぼ通年

黄花のカタバミのうち、花の中心に赤い輪があるものはアカカタバミの仲間で食用不適（写真右上）

とおりひょろりと立ち上がるので区別ができる（カタバミはこぢんまりとちいさな苗ですごすか、あるいは茎を伸ばすとき地を這うという違いがある）。こちらは新顔なので食用にされたという話を寡聞にして知らない。

さて、もっともおいしいのが**ムラサキカタバミ**であるというのが前出、橋本郁三氏の談である。

調理の方法はカタバミといっしょ。住宅地や公園に多いので気軽に楽しめるが、住宅の排水溝やアスファルトの路傍といった食用とするには不穏な場所に多くいて、安心して食べられそうなものを探すのはちょっと苦労する。

問題はもうひとつ。見た目がそっくりなものに**イモカタバミ**があり、こちらは食べない。両者とも同じ環境を好むのでややこしい。右図のように、花の中心の色味を見るか、花粉の色にも明確な違いがあるのでわかる。それでも不安であれば、引っこ抜いて鱗茎（りんけい）の違いを確かめる。

どちらも観賞用としてわざわざ南アメリカからもち込まれた帰化植物（きかしょくぶつ）であったが、いまでは雑草として嫌われるほど日本の風景になじんでしまった。人間のほうも「ひょっとしたら食えるかも」と興味を示し、ムラサキカタバミの味わいを発見するに至った。ものすごい好奇心である。

ところで信州の一部ではカタバミのことをスズメノオチャオケといった（オチャオケとはお茶うけのこと）。家庭で梅漬けをこさえるとき、これをいっしょに漬けておき、仕事の合間、激務の疲れを癒すためのお茶うけにして楽しんだという。

農作業では強大な難敵となるカタバミも、ムダにせず楽しんでしまおうという工夫。日本人の技芸と感性の神妙さに、ただただ感嘆させられる。

カタバミ科
OXALIDACEAE
ムラサキカタバミ
Oxalis corymbosa

収穫期：ほぼ通年
利用部位：葉、花

色彩と酸味で食を飾る
①花も食用可
②やわらかな茎葉を摘む。やはり酸い味がある

料理法
カタバミとほぼ同じ。よく似たイモカタバミ(写真右)は食用にされない

ムラサキカタバミ

イモカタバミ

ムラサキカタバミの鱗茎

イモカタバミの鱗茎

多年草

居所：公園、草地、道ばたなど
背丈：10〜20cm
花期：5〜7月

ムラサキカタバミの花は中心部が白っぽくなり、イモカタバミの中心は濃厚に染まるので区別は簡単

そっくりだけど風味は両極
〜ヤブカラシ・アマチャヅル〜

　藪すら枯らす――激烈な勢いで殖えることからその名がある**ヤブカラシ**。園芸家たちは、地球の中心がドクダミ、スギナ、ヤブカラシの巨大な根っこの塊でできてやしないかと恐れている。それはもうそこらじゅう、あらゆる場所から顔をだす。

　ヤブカラシの食べ方を知ってはいるが、試したことは一度もない。今後もそのつもりはないし、仕事でそそのかされてもかならず逃げ切ってみせる。

　なぜなら「めんどうだから」、に話は尽きる。

　この恐るべき生き物を食卓にのせるには、日々そうしているように引っこ抜く。やわらかな新芽がよい。もしも大きな葉や巻きひげがついていたら、手かげんは無用、容赦なくむしり取る。

　さて、下ごしらえである。鍋でお湯を沸かしたら、いつものようにひとつまみの塩を。ここに獲物をわしゃわしゃと入れたら、菜箸でぐるぐるとやり、お湯が茶色に染まるまで茹でる。褐色のお湯にヤブカラシ――想像するだに背筋が凍りつく恐ろしい光景。

　存分にアクを除いたら、冷水を用意し、ここに浸すこと7〜12時間。ひと晩以上かけて、またぞろアクを抜く。

　いよいよお皿に盛りつけ、そのままマヨネーズやわさび醬油と合わせて食べるか、かつお節をのせたり大根おろしと和えたりする。なんと、それでもヤブカラシは辛いのだという。

　ある書物には、半日水につけたあと、さらに数回ほど水を換えてアク抜きをするとあった。つまり全身これアクまみれ。

　手間をかけたわりに喜びはうっすらであろうし、話しのネタに試すとしても、ほんの少しだけでいい。健康のことを考えるなら、食べるより引っこ抜く。運動のほうがよっぽどよろしい。

ブドウ科
VITACEAE

ヤブカラシ

Cayratia japonica

| 収穫期：通年 |
| 利用部位：若芽、根茎 |

まさにクセものらしい辛味
①若葉か若い茎先を摘む。生の葉は渋くて辛い

料理法
天ぷら、和え物、酢の物。辛味とアクが強いので醤油や酢など強めの調味料と合わせてやわらげてみる

ヤブカラシ

ヤブカラシの花

ヤブカラシの若苗

多年草
居所：草地、道ばた、荒地など
背丈：つる性
花期：6〜8月

新芽・葉姿はとても洗練された造形美をもつ。茎は暗い赤紫。葉色が濃厚な点がアマチャヅルと違う

むかしの人はよく言ったもので、「ヒルガオとスギナの根っこは日本中に三本」とは見事に的を射ている。
「スギナの根っこの先には小判がひとつ、ついている」とは、見つけるまで掘り返しなさいと子どもに言い聞かせる方便。

　ヤブカラシもまったく同じ。この根をどこまでも追いかけたら、わが埼玉県なら小判どころか縄文遺跡くらいはでてくるだろう。想像を超えた"根っこワーク"を築いているのである。

　ヤブカラシが棲まうヤブには、よく似た**アマチャヅル**も混じっていることであろう。こちらは薬草として一大ブームを起こした人気者。鎮静効果があるほか、気管支炎、胃や十二指腸潰瘍の改善など、多数の症状に効くと宣伝された。6〜8月に茎葉を採取し、日干しにしたものをお茶にして飲む方法が広がっている。研究により数十種におよぶ特殊なサポニンが発見され、Webでは薬効ばかりをハデに宣伝している情報が多数あるけれど、人体に対する影響については不明な部分が多い。

「ひとまず試してみたい」と欲目にかられると、たぶんその手につかむのは辛いだけのヤブカラシ。花や実があればまるで違うため区別は容易であるが、葉姿だけであるとそっくりに思え、わたしも初めのころはなかなか見分けられずに苦労した。

　アマチャヅルの葉は、ヤブカラシに比べて小型であり、薄く、見た目もやんわりとした印象。花や実の時期に見ておけば、きっとすぐに憶えてしまうほど「質感」が違う。

　立ち姿も、ヤブカラシはとても頑丈な様子で立ち上がるけれど、アマチャヅルはひょろりと伸びて樹木に巻きつき、やがてしなだれ落ちてくる。とにかく「ひ弱な様子」であるが、人間には喜ばれる。ヤブカラシはといえば、昆虫などの小動物たちに尊ばれている。たくさんの甘い蜜をだすからである。

ウリ科
CUCURBITACEAE
アマチャヅル
Gynostemma pentaphylla

収穫期：春、夏
利用部位：若葉

葉は甘い、というけれど……
①茎葉を摘む。甘みがあるとされるが、これまで甘かった試しがないのである

料理法
おもにお茶として。茎葉を摘んだら日干しして煎じて飲む。鎮静効果や胃腸の改善が期待された

アマチャヅル

アマチャヅルの花

アマチャヅルの葉

多年草

居所：草地、道ばた、荒地など
背丈：つる性
花期：8〜9月

花と実の時期は簡単に識別できる。アマチャヅルの葉姿は全体的に弱々しい印象で葉面にうぶ毛が目立つ

浜辺のお野菜

〜ツルナ・ハマダイコン〜

　ずいぶん長いこと埼玉県民をやっているので、「海」には強い憧れがある。いよいよ砂浜と見るや奇声をはなって突進。鼻息も荒く、めったに見られぬ海浜性植物をふんふんとかぎまわり、いやらしくも嘗めるように撮り、なでまわす。

　なかでもツルナとハマダイコンは比較的おなじみの顔。

　まずは**ツルナ**。海岸の砂浜から岩場、ときには海辺の市街地まで入り込む元気者。これはとにかくうまい。西洋では野菜として栽培されるといい、わが日本でもしばしばハマヂシャという名で地元野菜として売られる。チシャとはレタスの和名であり、おいしく食べられる野草にこの名が添えられることがある。

　砂をかぶった肉厚の葉は、そのままナマで食べても美味。青臭さはもちろん、苦味や渋みはまったくなく、みずみずしく、ぬめりがあり、口あたりは上等。ちょいと海水にひたし、塩味をつけて楽しむのもよい。

　天ぷらや揚げ物、あるいはお湯で茹で、水にさらしてからお浸しや炒め物に。クセがないのでアイデア次第でいかようにも合わせることができる。

　暖かい地方（関東以西など）であれば、ほぼ一年中収穫できるのもありがたい。やわらかい葉先や若葉を使うのがふつうであるが、茎がついたまま調理しても問題はない。

　葉の表面には微細な粉がついており、海岸の鋭い陽ざしを浴びるとそれはきらきらと輝く。ときには厳しい岩場に生えることもあり、押し寄せる波のしぶきを浴びるものは特段に美味だという。いつか試してみたいともくろんでいる。いざ収穫する前には、ひとまずちいさな黄色の花にあいさつし、愛でておきたい。

ツルナ科
AIZOACEAE
ツルナ

Tetragonia tetragonoides

収穫期：通年
利用部位：茎葉

まろやかな食感、優美な味
①茎葉を摘む。みずみずしくぬめりがあって美味。暖地では年中収穫できる
②花は葉のつけ根につく

料理法
お浸し、和え物、炒め物、天ぷらなど

ツルナ

ツルナの花

ツルナの旬の葉姿

多年草
居所：海浜地区の砂浜や道ばた
背丈：10〜30cm
花期：4〜11月

海辺でおなじみの植物。雑草がごとく繁茂している。生葉をかじるとぬるっとして美味。後味さわやか

続いて**ハマダイコン**。

全国の砂浜に広く棲んでおり、たいてい賑やかなコロニーをこさえている。一説には**ハツカダイコン**が野生化したものといわれるが、異説があり、おそらく中国から栽培種がもたらされたとき別種が混在していたのではないかとされる。ともあれ、畑でもって世話をすると、なかなか立派なダイコンができるという。

砂浜にいる野生のものは、引っこ抜いてもダイコンどころか細長い根っこがあるだけ。とても硬く、筋張っており、食用としての魅力はない。これを調理して食べる地方では、根ごと収穫してから、茹で、水にさらし、味噌漬け・醤油漬けなどにするという。栽培して根を太らせたものであっても、辛味が強いため、やはり漬物にされるようである。

一方、地上部の葉・茎はふつうに食べることができる。やはり辛味が強いため、茹で、水にさらしてからベーコンなどと炒めて一品に加えるとよい。

個人的にもっとも気になるのが「結実した鞘」である。

ぷりぷりっとくびれたマメの鞘みたいなものがつんつんと突きだしている。これを塩茹でしたものに辛子マヨネーズをつけて食べる、と紹介される。ナマでかじったことはあるが、かなり期待できそうである。いまのところ旬の収穫を楽しむ機会がなかなかもてず、もやもやして暮らしている。

晩春、花の時期となるや、白地にアメジスト色をあしらった花がいっせいに咲き乱れる。荒涼とした砂浜からは考えられぬ、それは豊穣な彩りで。この花もサラダにあしらって楽しめる。

海浜性植物は、塩分が多い砂地から有機物を吸い上げるべく、内陸の植物とは違った機能を発達・進化させた。このシステムは不明な点が多く、技術革新をもたらす可能性を秘めている。

アブラナ科
CRUCIFERAE
ハマダイコン

Raphanus sativus var. *raphanistroides*

収穫期：通年
利用部位：根、茎葉、花、実

ピリッと辛味がもち味で
①花や若い茎葉を収穫
②実も食用に。仲間のハツカダイコンの実は大根おろしの風味があり美味であった

料理法
若葉は炒め物に。実は生食のほか、塩茹でして辛子マヨネーズをつけて

ハマダイコンの結実

ハマダイコンの根茎

ハマダイコン

二年草
居所：海浜地区の砂浜や道ばた
背丈：30〜70cm
花期：4〜6月

海辺ではいくらでも茂っている。手軽に楽しむなら写真右上の実を狙ってみる。暖地では年中収穫可

完全武装の美味なる巨塔
〜ハマアザミ・フジアザミ・モリアザミ〜

　山野草に親しむ人々は、アザミがうまいことを知っている。アザミにしても自分がうまいことを承知しており、動物を寄せつけぬよういかつい武装を怠らない。

　ハマアザミは、その名のとおり沿岸部に自生している種族で、内陸にはいない。強い潮風と砂塵が舞う砂浜のただ中、あるいは岩場の合間でどっしりと腰を据え、でっかい花穂を自慢げに咲かす。海岸通りの道ばたでもよく見かけた。

　すさまじく鋭利なトゲで武装しているが、この若い葉を天ぷらにすると美味であるという（トゲはあらかじめハサミなどで切り落とすとよい）。収穫のシーズンは春先。特においしいのは、葉が完全に開ききっていない若いものである。

　茎は茹で、水にさらして佃煮にする。太く育った根茎は味噌漬け、醤油漬け、粕漬けで食べるか、ゴボウと同じようにキンピラをこしらえてもよい。土産物や農産物でヤマゴボウの名で売られている商品には、アザミの仲間の根を使っていることがある。歯ごたえがよく、香味もまるでゴボウのそれ。アザミの仲間はたいへん多くあるが、食用となる種族はたいていこのレシピで楽しまれている。

　ハマアザミは、強い潮風と陽射しに耐えるだけあって、葉の表面に光沢があり、感触も硬いのでわかりやすい。風味や食感で比べると、内陸の道ばたに棲まう**ノアザミ**などに軍配があがるが、島で暮らす人々にとっては貴重な青物であったようだ。

　たいていのハマアザミは青紫の花を咲かせるが、まれに白花もある（**写真右上**）。白いアザミなど想像したこともなかったので、それは夢見心地で眺め、心に焼きつけた。

キク科
COMPOSITAE

ハマアザミ

Cirsium maritimum

収穫期：通年
利用部位：若葉、根

ふわりと広がる野生の香味
①やわらかい茎葉を収穫。トゲはハサミで落とす
②根茎も食用可

料理法
若葉はシンプルに天ぷら。根茎はきんぴらや味噌漬けに。写真右下のノアザミも大変おいしい

ハマアザミ（白花）

旬のハマアザミ

ノアザミ

二年草
居所：海浜地区の砂浜や道ばた
背丈：15〜60cm
花期：6〜12月

ハマアザミも浜辺にごくふつう。トゲトゲした葉を重厚に茂らせるのですぐわかる。頭花もでっかく迫力満点

一転、内陸の山の中である。

　ひときわ豪放かつ荘厳な**フジアザミ**は、富士火山帯を中心に生息するためその名がある。野生種とは思えぬ洗練された造形にはひどく驚かされた。園芸的にも興味深い役者になるだろう。ただ、味のほどは期待できない。ハマアザミと同じように食されるが、若い苗のうちだけで、写真みたいに大株に育つと風味はガタ落ち。いつも旅先で出逢うため、さすがに掘って食べたことはない。

　一方、数あるアザミのなかで「これはうまい！」と絶賛されるのが**モリアザミ**。さまざまな文献において絶品と紹介され、畑で栽培されることも（※これらは改良品種が多いという）。かねてよりぜひとも食べてみたいと狙っていたが、野生のものは目を皿にして探してもめったに見つからない絶滅危惧種である。ようやく見つけたものも保護区域にあった。いまや伝説の美食であり、野生のモリアザミは山の達人でないと味わえない。もっと悪いことに、もしも「偶然見つけて食べました。うまかった」などと本に書いたら袋叩きにされかねぬ、そんな時代になってしまった。いやはやなんとも残念無念。

　モリアザミが希少種となった一方、郊外の庭園、家庭菜園などで多く見られるのが**アーティチョーク**。その花はネコの頭ほどもある巨大な種族。原種系の**カールドン**という品種となれば、身の丈が2メートルを超える。アザミが2メートル、である。原種系は食べるところが少ないため、食用に改良されたものが畑で育てられる。ヨーロッパでは花穂が野菜として売られ、花を包むギザギザした総苞片（そうほうへん）をひっぺがし、塩茹でして食べる。食感・風味ともおいしいタケノコのそれ。日本のアザミでこんな食べ方をするものはない。かつてヨーロッパでは王侯貴族たちが媚薬として珍重した奇薬で、いまも高価な野菜としてよく知られている。

キク科
COMPOSITAE
フジアザミ
Cirsium purpuratum

収穫期：春
利用部位：若葉

ハマアザミと似た味わい
①やわらかい茎葉を収穫
②根茎も食用可

料理法
料理はハマアザミと同じ。写真右の種族は西洋野菜。つぼみを収穫して総苞片だけを食べるぜいたくさ。育成は簡単で美味

フジアザミ

アーティチョーク・カールドン
Cynara cardunculus
原種に近い種族。背丈2メートルを超える

アーティチョーク
Cynara scolymus
野菜として栽培される種族。背丈150cmほど

多年草
居所：関東・中部の山地
背丈：70〜100cm
花期：7〜10月

フジアザミは佳麗で豪快無比。食用より観賞目的で栽培されることも。庭先で咲いたらさぞかしぜいたく

元・鑑賞用植物の味わい

〜ハルジオン・ヒメジョオン〜

　ダンドボロギク(⇒P.132)に匹敵するほど、どうにもソソられぬ食材である。むしろ「これも食べるの？」と訝(いぶか)って然(しか)るべき。

　収穫場所は「自宅から徒歩1分圏内」。つまり生えていない場所のほうがめずらしい。亜高山帯から大都市の荒地、ビルの屋上から庭の鉢植えに至るまで、すべて彼女たちの支配下にある。

　ハルジオン、**ヒメジョオン**の区別は後まわしにして、食事の作法から入りたい。

　彼女たちは冬の間をロゼット(葉を放射状に広げた姿)で忍び、暖かくなる翌春を待って花茎を立ち上げる。このときが収穫期(※ロゼットのときも収穫できるけれどクセが強い)。

　ちいさなつぼみをつけた花茎や葉を摘み、そのまま天ぷらにするのがオーソドックス。ハルジオンの葉は産毛におおわれており、食感が悪そうに思えるが、天ぷらであると気にならないという。

　あるいは熱湯にひとつまみの塩を加え、軽く茹で、水にさらしてからマヨネーズ、味噌などと合わせる(和えるより味噌をつけながら食べるほうが風味を楽しめるといわれる)。最大のポイントは食感を損なわぬよう軽く茹でること。そして水にさらしたあとは水気をしっかり取ること。

　風味は食用菊に通じるものがあり、特にハルジオンのつぼみのほうがおいしいという(福島誠一)。

　日常的に食べるというより、好奇心にそそられて試されることが多い。そのわりに広く書物で紹介されているのは、やはり身近でいくらでも採れるからであろう。わたしの身体は、いまや見つけるそばから脊髄反射で指先がわなわなと震える。ドクダミといっしょで、年中引っこ抜いているがちっとも減らない。

キク科
COMPOSITAE
ハルジオン
Erigeron philadelphicus

収穫期：春
利用部位：若葉

春菊に似た香味と苦味
①やわらかい茎葉を収穫。つぼみが立ち上がり始めたときも旬

料理法
天ぷら。あるいは塩茹でして味噌やマヨネーズと和えて楽しむ。道ばたより野原で摘むとよい

ハルジオン

葉のつけ根

冬のロゼット

多年草
居所：荒地、草地、道ばたなど
背丈：30〜100cm
花期：5〜7月

葉先がぺっこりとへこみ茎に毛がないのが特徴。後出の種族たちと間違えないよう注意したい

さて、ハルジオン、ヒメジョオンの区別である（以下、それぞれハル、ヒメと記す）。

　ハルはその名のとおり春に咲く。3〜5月ごろに咲き乱れているとしたらハルだと思ってよい。かつての図鑑の解説（開花期）に比べ、近年はひと月ほど早まっていることが多い。

　収穫のとき、茎の切断面を見てみるとよい。中身が中空であればハル（中身が詰まっていたらヒメ。またはヘラバヒメジョオンの可能性もある）。

　もっとも簡単な識別法は「葉のつけ根」を見る。これが耳たぶ状に張りだして茎を取り巻くようについていたらハル（P.97図と右図参照）。さらにマニアックになると、冬のロゼットだけでも区別がつくようになる。

　彼女たちは「なわばり意識」がとても強い。根っこから化学物質をだしてほかの植物の生育を妨げるので、見つけ次第、引っこ抜く。殖えるまで時間がかかるのだが、殖えだしたら手に負えない。

　いまだ出逢ったことがないものに**ヘラバヒメジョオン**というものがある。見た目や特徴はほとんどヒメジョオンのそれだが、葉っぱの形がつるっとした「へら状」になっている種族（ヒメの葉は、ゆるやかながらもギザギザした切れ込みが入っている）。

　ハル、ヒメ、ヘラと三段重ねで解説したが、どれも北アメリカ原産の帰化植物で、明治や大正のころは観賞用の園芸植物（しかも珍品）として大切に育てられた。もちろんいまからでも遅くない。そのかわいらしい花を存分に観賞し、そして日に三度は召しあがっていただきたい。そうでもしないとちっとも減らない。わが家のプランターにぺっそりとしがみつき、どういうわけか抜いても減らず、むしろ殖える一方な気がしてならない。

キク科
COMPOSITAE

ヒメジョオン

Stenactis annuus

収穫期：春
利用部位：若葉

ハルジオンと似た香味
①やわらかい茎葉を収穫（ハルジオンと同様）
②つぼみが立ち上がったころも旬。株元から収穫

料理法
ハルジオンといっしょ。ハルジオンとの区別点は「葉のつけ根」を見れば一発。ロゼット葉の状態も憶えておけば完璧

ヒメジョオン

葉のつけ根

冬のロゼット

越年性二年草

居所：荒地、草地、道ばたなど
背丈：30〜130cm
花期：6〜12月

猛暑はもちろん真冬も咲くほど驚異的なド根性をもつ。元園芸種だがやたらと殖えたので雑草に凋落

道ばた野菜の世代交代
〜イヌビユ〜

　どこから見てもひどくいかがわしい姿——これをなにかに使おうなどと思うはずもなく、断固、片っ端から引っこ抜く。食用になると知ったときの驚きたるや——いや食ったヒトがあるのかと、唖然。

　イヌビユは都心部から里山まで、畑や田んぼの周りに多く、原宿の代々木公園で見かけたときは旧友にでくわしたような心もちであった。都心で逢うと、とたんに親近感が湧くから不思議。

　6〜7月ごろ、新しく伸びた若い新芽を収穫する。このとき、あまり多く採らないほうがよろしい。「ホウレンソウのような風味がある」といわれるが、同じように**シュウ酸**を多く含むので、食べすぎは禁物。

　採った新芽は、塩を加えたお湯で茹で、水にさらす。醤油に辛子を溶いたもので和えるか、天ぷらにしたり、ベーコンといっしょに炒めたり、卵とじなどで楽しまれる。

　見た目こそ青臭く、アクが強そうに思えるが、意外とそうでもない。とはいえ野趣をたしなむ程度に味わうのがよい。

　最大のポイントは、これを見分ける方法。野原にはよく似た顔ぶれがもっさりと生えている。

　第一の関門は、なんと図鑑である。お手もちのハンドブックなどで索引を開いたとき、イヌビユより前にイヌビエがでてくる。こちらはイネ科の植物で、まったく違うハズレくじ。語感のイメージで誤って引く人が確かにあったので念のため。

　次の関門はちょっとややこしい。つまり憶えておけば自慢のタネになり鼻高々となる。地球の裏側からやってきた、そっくりな仲間たちがいる。似ているけれど、うまくない。

ヒユ科
AMARANTHACEAE
イヌビユ

Amaranthus lividus
var. *ascendens*

収穫期：初夏
利用部位：新芽、若葉

やわらかくホウレンソウ風味
①新芽や若葉。意外とクセがなく食べやすい
②収穫しやすいのは梅雨の前後

料理法
お浸し、天ぷら、炒め物。葉先がぺっこりとへこみ茎に毛がないのが特徴。後出の種族たちと間違えないよう注意したい

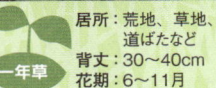

イヌビユ

茎

イヌビユの葉

一年草
居所：荒地、草地、道ばたなど
背丈：30〜40cm
花期：6〜11月

葉先がぺっこりとへこみ茎に毛がないのが特徴。後出の種族たちと間違えないよう注意したい

ホソアオゲイトウというものがいる。南アメリカからやってきた帰化植物で、荒地で大群落をこさえる大型種である。
　もうひとつ、やはり南アメリカ産の**アオビユ**（ホナガイヌビユを正式名とする図鑑もある）が近年になって殖えている。
　いずれも見た目と雰囲気がそっくりで、じっくり見てもよくわからないことがある。
　やっかいな問題にあたるときは、簡単なことから解決したい。まず葉を見る。葉っぱの先端を見て、オシリのように割れていたらアタリ。イヌビユと思われる。南アメリカ産のものは、先端が尖っているか、ほんの気持ち割れているくらい。「ほんの気持ち」がどの程度かは慣れないとわからない。ならば今度は茎を見る。ツルっとしていたらイヌビユであり、短い毛がボソボソと生えていたら南アメリカの連中。知ってしまえばなんのことはないが、図鑑の写真だけで調べようとするとひどく難儀するであろう。
　花穂を見ると、さらに確信できるはず。
　南アメリカ産の花穂は、いやにトゲトゲしている。これは花のつぼみを包んでいた苞と呼ばれるもので、ホソアオゲイトウは特に長いのでアオビユと識別するポイントになる。一方、イヌビユにはトゲトゲがなく、柔和な感じを漂わせている（⇒P.71図）。
　さて、野菜として有名な**ヒユ**はどこにいったのか？
　現在、ほとんど見られない。わたしもいまだに見たことがない。
　暖地では栽培が続き、しばしば野生化しているというから、一度くらい食べてみたい気もする。むかしの方々からしたら驚かれるやもしれないけれど、ヒユはたしかにめずらしくなった。
　いまとなってはイヌビユで我慢するほかない。とはいえイヌビユも30年後にはどうなっているか——。いま、道ばたでは食えない連中が大繁栄しており、イヌビユはやや肩身が狭そうである。

第2章　雑草美食倶楽部

ヒユ科
AMARANTHACEAE
ホソアオゲイトウ まずい
Amaranthus patulus

収穫期：なし
利用部位：なし

見た目は似ててもマズい
①花穂はやや黄色味を帯びてトゲトゲが多く突きだす
②葉先は尖る
③茎に短い毛がある

写真右のアオビユも葉先が尖るのでわかりやすい。イヌビユと同じく食用にされることもあるようだ

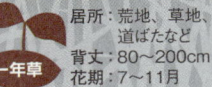

ホソアオゲイトウ

茎

アオビユ（ホナガイヌビユ）
畑の周囲や道ばたに多い。近年この仲間たちが次々と帰化している

一年草
居所：荒地、草地、道ばたなど
背丈：80～200cm
花期：7～11月

「葉の形」「茎の毛」「花穂」の3点セットで識別すると確実。多彩な種族があり、頭の体操に最適

道くさソラマメ道中
〜カラスノエンドウ〜

カラスノエンドウは、生命力がたいへん旺盛な生き物で、荒地、道ばたなどそこらじゅうから生えてくる。

ソラマメの仲間（ソラマメ属）に分類される雑草たちは食用になるものが多く、なかでも高名なのが本種。食糧難の戦中戦後のころ、たんぱく質を豊富に含む本種に助けられた人は少なくない。これを楽しむもっとも重要なポイントは、収穫のタイミング。

めんどうな下ごしらえは必要なく、春先の若い葉茎を摘み、よく水洗いしたのち、油で素揚げに。塩をふって食すのがもっとも風味が高くてよいとされる。あるいはフライパンで炒め野菜にしたり、淡いピンクのかわいらしい花をサラダに飾って楽しむ。

なかでも気になるのが、たぶんマメの食べ方であろうか。書物によっては「食用にしない」とあるが、別のものでは「湯通ししてから炒め物や天ぷらに」とある。マメが若いうち（緑色をしているうち）に採取するのがポイント。

カラスノエンドウは、晩春になると勢いを増し、ぐんぐんと生長する。このときの葉茎は硬くなるので、なんとしても食べたい場合は新芽だけを選ぶ。あるいはマメがにょっきりと伸びるのを待ちたい。夏本番を迎えるころになると、マメは黒々と熟し、バチバチと騒々しく飛びだす。これにてカラスノエンドウは天命を迎え、立ち枯れするのだけれど、秋にはかわいらしい新芽をだして、風雪に凍える冬をじっとしのぐ。

この仲間がとてもおいしい理由は、すばらしいパートナーがいるから。目に見えぬ**エンドファイト**（糸状菌や細菌の仲間で生涯の大部分を植物内で過ごすもの）たちが協働し、お互いの健やかな暮らしを約束しあっている（次ページで詳述）。

マメ科
LEGUMINOSAE
カラスノエンドウ
Vicia angustifolia

収穫期：春、秋
利用部位：若葉、花

「道ばた野菜」の名門一族
①やわらかい茎葉を収穫。甘みがあり食べやすい
②花と若い実も食用可

料理法
天ぷら、和え物、炒め物。マメはやわらかな緑色のころに収穫。花はそのままサラダなどに散らしても華やか

カラスノエンドウ

豆果

若苗

二年草
居所：荒地、草地、道ばたなど
背丈：つる性
花期：3〜6月

たいてい群落をこさえて暮らすので収穫はたやすい。夏には立ち枯れて消えるが秋に新芽をだす

カラスノエンドウにも仲間がいくつかある。なかでもおなじみなのが**スズメノエンドウ**。カラスノエンドウに比べるととても小柄なのでスズメの名がついた。これも日当たりのよい環境でコロニーをこさえることに熱中しているので、収穫はとてもたやすい。スズメたちもカラスノエンドウと同じ要領で食用にされる。生で食べてもクセはない。ただ旬がずれると筋張ってくるので、調理したほうがおいしく楽しめる。いつもの散歩にちょっとした楽しみが増えた。

　問題があるとしたら、収穫期。生き物たちに気をつけたい。

　この仲間たちは「環境の改善」に用いられるほど有益で、なおかつパワフルな生き物である。土の中で流浪している根粒菌をとっつかまえ、飼いならし、必要な養分を融通しあっている（菌たちは土壌からリン、亜鉛、銅、カルシウムなどを集めて提供し、植物は光合成でこさえた炭素化合物を分ける）。痩せた土壌でも適応できるほか、その周辺は根粒菌と本種がかき集めた養分が集まり、ほかの生物圏まで豊かにすることが知られている。こうして充実した暮らしを満喫するから人が食べてもうまいわけで、すると当然、多くの生き物たちがこれを見逃すはずもない。アブラムシの、それこそ色とりどりの団体様はもちろん、アルファルファタコゾウムシのお子様たちにとって最高の保育園となり、ものの見事に食べつくす。連中の「旬の目利き」は的確で、まったくもってスキがない。よって収穫後はよく洗いたい。

　しばしばアシナガバチやスズメバチの女王陛下も立ち寄られる。陛下のお望みは、茎にある黒い点（花外蜜腺）に口づけして甘い美酒を楽しまれている。ちょうど収穫の旬の時期（春先）に多く見られるので、チクッとやられぬよう注意したい。

マメ科
LEGUMINOSAE
スズメノエンドウ
Vicia hirsuta

| 収穫期：春、秋 |
| 利用部位：若葉、花 |

食べて、風味、ともに「……」
① やわらかい茎葉を収穫
② 花とマメを食べる話は聞かない

料理法
料理はカラスノエンドウといっしょ。すべてにおいてちいさいため味わいはよくわからない（マズくないが特にウマくもない）

スズメノエンドウ

スズメノエンドウの豆果

旬の新芽

二年草
居所：荒地、草地、道ばたなど
背丈：つる性
花期：4〜6月

幹線道路の道ばたでも元気に育つ。ちいさなマメの鞘にはたいてい2個のマメがちんまり寝ている

陽だまりタンポポ一家
〜コウゾリナ〜

　ぽんぽんと、ちいさな陽だまりが花ひらく。ミニミニのたんぽぽみたいな花をもちながら、名前はいやに硬く、冷めた感がある。

　コウゾリナ——漢字で書くと髪剃菜。その葉茎をよく見れば、赤く染まった鋭いトゲが密生している。一説によれば、触ると手が切れそうになるのでカミソリに見立てられたという。「髭をそったあと、数日してジョリジョリに生えた感触から」という説もあり、コウゾリナの真実としてはこちらのほうが近い。

　畑のそば、道ばたによくいるが、なかなか気がつかない。この時期、よく似たものがたくさん咲くからである。

　コウゾリナを楽しむポイントは収穫期。意外や意外、冬から初春にかけて。いまだ霜が降りる時期に、地面の上で放射状にぺろんと伸ばしたとても美しい若葉を拝借する。

　春菊を思わせる、特有の苦味を帯びた風味を楽しむには天ぷらがよい（ころもは葉の裏に薄くして、さっと揚げる）。苦味が苦手な人は、お湯で茹でたあと、しっかと水にさらせばクセがおちつく。そのままお浸しとして冬の野原の風味を楽しむか、ゴマやクルミと和えたり、汁物の実として賞味する。

　カミソリにたとえられた赤いトゲは、正確にいうと毛である。花が咲く時期、そっと手を触れてみれば、バラのそれみたいに突き刺さるというより、マジックテープを思わせるやわらかさがある。葉の裏にもちいさな剛毛が並ぶので、かつて子どもたちは服にくっつけて遊んだようである。大人にとっても剛毛のユニークな肌触りはほかに代えがたく、しばしクセになる。これを憶えた当初は、散歩の途中、道ばたで見つけると、触って遊ばずにはいられなくなるだろう。

キク科
COMPOSITAE
コウゾリナ

Picris hieracioides
subsp. *japonica*

収穫期：春、秋
利用部位：若葉

キク科特有の香味ただよう
①初春のロゼット葉を摘む
②新芽や花茎が立ち上がり始めたときに地上部を収穫

料理法
天ぷら、和え物、汁の実。つぼみは天ぷらや汁の実に

コウゾリナ

初春のロゼット

コウゾリナの茎

二年草

居所：荒地、草地、道ばたなど
背丈：30～100cm
花期：5～10月

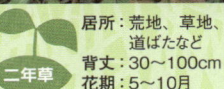

ノコギリの歯を思わせるギザギザの葉、茎にならぶ赤いトゲが特徴。地味に有名な食用雑草である

コウゾリナの周りには、おなじみの**タンポポ**もいるだろう。

ここしばらく、古くからいる日本のタンポポを大切に思う気運があり、西洋からきた連中を毛嫌いするむきもある。

なるほど、**セイヨウタンポポ**たちは受粉をしなくとも繁殖できるため(単為生殖という)、際限なく殖えていることは実感する。

しかし、そもそもは食用目的で導入されたことを思いだしたい。

セイヨウタンポポの学名にも立派な意味が込められている。Taraxacumは「病気を治す(ギリシヤ語)」、または「苦い草(ペルシャ語あるいはアラビア語)」を語源とすると解説される。officinaleは「薬用の(ラテン語)」という意。花から根っこにいたるまで、ふるくから食用・薬用にと愛用されてきた。

代表的な成分として、苦味質、アスパラギン、カリウム、ルテイン、鉄のほか、ビタミンA、B、C、Dが含まれる。

全草を日干し乾燥させたものは蒲公英といい、利尿・発汗のほか、胃腸の改善、解熱作用にすぐれるとされ、滋養に薬用にと人気を誇る実力者。でも、街中では嫌われている。

タンポポを食べ比べた人の話では、在来のタンポポよりセイヨウタンポポのほうが雑味も少なくおいしいとする。

レストランで顔を合わせるのもやはりセイヨウタンポポであったし、とはいえうまいかどうかといわれれば、「まあキレイだし、うん」というのが率直な感想である。

ただ、特定銘柄のインスタントコーヒーだけをがぶ飲みするわたしにとって、最近のタンポポコーヒーの風味には腰を抜かした。乾燥させた根っこでいれたもので、これっぽっちも期待していなかったせいもあろうが、試供品を3杯もあおる意地汚さに、ほかのお客さんと店員の失笑を買ったことがある。なかなかうまい。これも原料はセイヨウタンポポである。しかし、以来飲んでない。

キク科
COMPOSITAE
セイヨウタンポポ
Taraxacum officinale

収穫期：春、秋
利用部位：若葉、花、根

上等な食用菊の風味と香味
① 開きかけの花は食用に
② 若葉も食べられる
③ 根茎は薬用・コーヒーの代用品に

料理法
花は天ぷら、サラダで。開花前の葉は塩茹でして水にさらしてから炒め物やサラダ菜として

セイヨウタンポポ

セイヨウタンポポの根茎

多年草
居所：荒地、草地、道ばたなど
背丈：15〜30cm
花期：3〜10月

日本には多彩なタンポポの仲間が棲む。本種は花のすぐ下にある総苞片が反り返るのが特徴のひとつ（イラスト参照）

栽培が奨励された雑草

〜ノゲシ・オニノゲシ〜

　まず、見た目が悪い。さらに数が多い。雑草として嫌われる条件をこの植物は存分すぎるほど満たしている。

　ノゲシは道ばたや住宅地にごくふつうに棲んでいる種族で、いかめしく、なんの魅力も感じない雑草で、どういうわけでか人が住みつく場所に好んでやってくる。いや、集まってくるのである。江戸のむかしには、畑の隅に栽培することが奨励された、由緒ある野菜であった。まあ、あくまで「畑の隅」であり、畑の中ではないのがチャームポイント。

　最大の魅力は、ほぼ一年中収穫できること。秋にでる新芽、冬のロゼット葉、春から初夏にかけての若葉やつぼみを摘む。

　収穫のときにハサミを入れると、ノゲシはうらみがましく白い乳液をじっとりと垂らす。これには強い苦味・エグみがある。調理の核心もやはりアクの取り方にある。

　熱湯に塩をひとつまみ加えたら、歯ごたえが残るよう注意しながら茹でる。ザルにあげたら、冷水にしっかりと浸してアクを抜く。苦味・渋味が苦手な人は、さらに数回ほど水を替えるとよい。「いやいや、刺激的な野趣を楽しみたい」という方は、やわらかな若葉を摘み、そのままサラダで試してみる。

　不思議なことに手元にある書物を片っ端から調べてみても、「天ぷらにする」という記述が見あたらない。苦味が強いものはまっ先に天ぷらにされそうなものであるが、本種は例外的。あえて試してみたい方は、仕事を休む口実がどうしてもほしいとき、前の晩にむさぼり食ってみる。当たるも八卦当たらぬも八卦。おいしく食べてしまい、翌朝元気に起きてしまったら、わたしを恨むより、いっそ爽快な足取りでイヤな仕事を片づけてしまう。

キク科
COMPOSITAE

ノゲシ

Sonchus oleraceus

収穫期：春、秋
利用部位：若葉

かつて救荒野菜として重宝
①やわらかい茎葉やつぼみを収穫
②冬のロゼット葉も食用に

料理法
ゴマ和え、炒め物に。ごく若い葉は生のままサラダで食べてもよい

ノゲシ

ノゲシの葉姿

ノゲシの葉のつけ根

二年草

居所：荒地、草地、道ばたなど
背丈：50〜100cm
花期：4〜7月

ノゲシとオニノゲシの区別は「葉のつけ根」。ノゲシの葉はここがV字型になって茎を抱く

続いて**オニノゲシ**。

これに比べたらノゲシのなんとかわいらしく見えることか。

オニノゲシも都心から農村の道ばたまで、ごくふつうに見られ、わが家でも毎年鉢植えをみっつほど占拠される。きわだって大きく、凶悪なトゲで武装しているからひと目でわかる。しかしこれは大きくなってからの話で、ちいさな苗のときは首をかしげてしまう。ノゲシとの区別は、右図のとおり、葉のつけ根を見る。茎のところでぐりんとカールしていたらオニノゲシ。

若いときならこれも食べられるという。調理法はノゲシと同じ。かなり鋭いトゲは、軽く触れても痛いため、あらかじめハサミで落とすとよい。

とかく下ごしらえやアク抜きに手間がかかる。けれど、いざというときに活躍した史実や、そこから生まれた調理法は大変興味深く、伝える価値はある。

その花がタンポポに似ているとおり、やがて実るタネには銀色の綿毛があしらわれ、季節の風に舞う。歩道の割れ目や線路の踏み切りに落ちたとしても、くじけることなく元気に発芽し、目を疑うような大株に育つ。

秋。ノゲシとオニノゲシは誰に愛でられるわけでもなく、美しい紅葉を始める。里山の夕暮れみたいな淡い色調はもとより、11月の霜の季節を迎えると赤紫蘇そっくりの深紅に染まる。彼らに乗っ取られた鉢植えをじっと見つめ、口惜しいかな見事な色彩の変化に心を奪われ、いまもそのままにしている。

いじらしさを感じてしまうと滅法弱い。

これだから園芸家としてはいつまで経っても半人前のままなのである。

キク科
COMPOSITAE
オニノゲシ
Sonchus asper

収穫期：春、秋
利用部位：若葉、花

収穫と下ごしらえが大切
①やわらかい茎葉を収穫。トゲはハサミで落とす
②ロゼット葉も食用に

料理法
料理はノゲシといっしょ。トゲがちいさな若い葉を選ぶとよい

オニノゲシ

オニノゲシの葉姿

オニノゲシの葉のつけ根

二年草

居所：荒地、草地、道ばたなど
背丈：50〜100cm
花期：4〜10月

オニノゲシは葉のつけ根が茎のところでJの字型にカールする。トゲは鋭くて痛いので気をつけたい

絶品！　道ばたマメの旅
〜ナンテンハギ・クサフジ〜

　道ばたのマメの仲間にあって、「これはうまい！」と唸らされるのが**ナンテンハギ**。ナマで噛んでも甘みと風味は折り紙つき。もはや野菜と呼ぶに値する。

　マメの仲間は、ちいさな丸い葉を多数並べたり（カラスノエンドウたち）、3枚（シロツメクサなど）であることが多い。ナンテンハギの場合は、花こそマメ科のそれであるが、葉っぱが2枚きりしかない。葉の形が樹木の南天に似て、花が萩にそっくりであることからその名がついた（ややこしいが、名前にハギとつくがハギの仲間ではない。萩はハギ属であり、本種はソラマメ属に分けられる）。

　日当たりがよい土手、涼やかな風が通りすぎる雑木林の縁、ときにはひどく雑然としたヤブの中で、下のほうからひょっこりと顔をだしている。こうした場所では身の丈も20〜30センチほどとちいさくあり、4月から5月ごろ、この葉茎を摘む（※根は掘らない。収穫後に新芽がでてくるからである）。

　風味を楽しむなら、水で洗ってのちよく拭き取り、数本ほどまとめて素揚げ・天ぷらで楽しむ。少量のバターをのせたフライパンでさっと炒めてもよい。

　軽く湯がいてから水にさらし、お浸しで楽しむのも手軽。

　東北地方の郷土料理には「ずんだあえ」というのがあるそうで、塩茹でした枝豆からマメを取りだし、すり鉢で擂り、砂糖、塩、醤油を好みの量で加える。あらかじめ湯がいて水にさらしたナンテンハギの葉茎にこれを和えて楽しむ、というもの。書きながら思わず生唾を飲み込む。

　道ばたの草とはいえ、本種は無尽蔵といえるほど多くは見かけ

マメ科
LEGUMINOSAE
ナンテンハギ
Vicia unijuga

収穫期：春、秋
利用部位：若葉、花

誰もが認めるおいしい道草
①10〜20cmほどに伸びた若い茎葉を収穫。甘みがあり美味
②花とつぼみも食用可

料理法
若芽を数本ほどまとめて素揚げや天ぷらで。バター炒めもよい。花とつぼみは熱湯を通してからお浸しや酢の物として

ナンテンハギ

ナンテンハギの花

ナンテンハギの豆果

二年草
居所：畑地、ヤブ、道ばたなど
背丈：30〜60cm
花期：6〜10月

おいしいナンテンハギはヤブや草むらの中にそれはじょうずに隠れている。発見できたらもう立派な狩人

ない。無体な乱獲は控えたいもの。

どことなく花が似ており、食用となるものに**クサフジ**がある。

クサフジは、その葉がナンテンハギとはまるで違い、カラスノエンドウを思わせるちいさな小葉を20個ほども並ばせる。群れて暮らすのを好むため、あたり一面の花畑となっていたらこちらであろう（ナンテンハギはちいさなコロニーで過ごすことが多い）。

クサフジの食用事情は、ほとんどカラスノエンドウと同じである。食べやすさ、味わいの点ではカラスノエンドウを上まわる。

春から秋にかけて、新芽がでてきたところを数センチほど拝借する。やわらかく、栄養分も豊富で、生のまま食べてもまったくクセがない。

ひとつまみの塩を加えたお湯で茹で、そのままお浸しとして食べるか、かき揚げにしたり、肉料理の添え物としてもよい。シンプルに油で素揚げしても美味であるという。美しい花も、さっと湯がいてからサラダやお浸しに散らしてみる。

生長が進むと、とたんに筋張って硬くなるので、採取の場合は新芽の部分だけを選ぶとよい。カラスノエンドウと違い、次々と新芽をだし、花穂を飾り立てるスタミナをもつので長く楽しめる。栽培も簡単で、畑や庭先に植えられることも。

これとよく似たものに**ツルフジバカマ**がある。こちらは花期が秋になるほか、葉っぱを乾燥させると暗赤色になるという違いがある（クサフジは緑のままでしなびる）。これも食用になるとされるが、風味と食感は圧倒的に落ちるといわれる。

よく似た同じ仲間でも、これだけ評価が違うというのがおもしろい。

食材を見極める、あなたの腕が試されている。

第2章 雑草美食倶楽部

マメ科
LEGUMINOSAE
クサフジ
Vicia cracca

収穫期：春、夏
利用部位：若葉、花

可憐、健やか、そして美味
①やわらかい茎葉を収穫。甘みがあり食べやすい
②つぼみや花穂も食用可

料理法
若葉はシンプルに素揚げや天ぷら。花とつぼみは熱湯を通してサラダ、お浸しで

クサフジのコロニー

クサフジの花

クサフジの葉姿

二年草
居所：畑地、ヤブ、道ばたなど
背丈：つる性
花期：5〜9月

緑化植物としても活躍し、バイパスの中央分離帯でも花畑を演出している。庭先や菜園に植えても装飾効果は抜群

意外とうまい道ばた名医
～オオバコ・ヘラオオバコ～

　だれだって、これが「食い物」であるなどとは思わない。ところが**オオバコ**の葉っぱは、なかなかうまい。

　多くの人が知らぬ間にこれを口にしている。スーパーやコンビニで売られているのど飴。原材料の表示を片っ端から見てみると、意外や意外、あちらこちらでふつうに使われている。

　ダイエットに、便秘解消にと、健康茶としても人気を博している。オオバコはむかしから全草が薬用として重宝され、しばしば食卓にものせられてきた。やはり食べるのである。

　食用にするのは、春先の若い葉っぱ。わたしは晩秋の新葉をむしって食べたが、歯ごたえといい風味といい、西洋野菜の**ロケット（ルッコラ）**に通じるおいしさがあった。これを天ぷらにして楽しむ。ポイントはころもを薄くすること。青臭さと苦味をもつことが多いので、熱湯で茹でたあと、しばらく水にひたしてアクを取る。水気を拭いてから天ぷらにするか、少量のバターを溶かしたフライパンで塩・コショウといっしょに炒める。痛んでいない、新しい葉であるほど青臭さが少ないので、よくよく選んで採取する。

　オオバコは、かたく踏みしめられた道ばたに多く見られる。第1章で見たギボウシの葉をミニミニにした風情があり、とても個性的なフォルムでわかりやすい。

　しかもちょいとばかし気がきいている。採取をのぞむ人のために、葉っぱだけしか採れないようにしてある。どんなにがんばったところで、根っこまでキレイに引っこ抜くことは不可能。ムリ。できやしない。

　夏の日照りやあなたの靴底、耕運機のいかついタイヤにも負け

オオバコ科
PLANTAGINACEAE
オオバコ
Plantago asiatica

収穫期：春、秋
利用部位：若葉

旬の新葉はクセがなく美味
①傷ついていない若葉を摘む
②冬や初春のロゼット葉も狙い目。クセがなく生食もできる

料理法
若葉はシンプルに天ぷら。バター炒めなど炒め物にもむく

オオバコ

オオバコの花

オオバコの種子

多年草
居所：道ばた、グラウンドなど
背丈：10～20cm
花期：4～9月

道を歩けばオオバコはどこにでも。見栄えはパッとしないけれど生命力と実力（有用性）は折り紙つき

ない丈夫な身体をもつオオバコ。彼らが好んで暮らす、非常に硬く締まった路面の土は、シャベルでは歯が立たぬのでスコップを使う。物好きにも、ただ根っこを見るだけのために汗をかいて掘るわけであるが、オオバコは、この硬く痩せた土壌に大根足をすらりと伸ばしているのである。金属さえ弾く、この路面に！

このようによく考えると類稀(たぐいまれ)な生命体であることから、さまざまな薬効もなるほどと自然に受け止めることができる。

オオバコにはいくつもの種類があり、近年、外来種たちが増えつつある。

ヘラオオバコは、コンクリートの割れ目や道ばたなどに好んで生える。こうした海外産のオオバコたちも、西洋では古くから薬草として用いられ、しつこい咳を鎮め、痰をとり、あるいは消化器系の回復を助けるため同じように処方された。その一方で、病魔や邪気を追い払う「神聖な植物」としても重用された経歴をもつ。日常の困ったことを助けてくれる、ありがたい存在であったためであろう。

こう考えると捨て置けない植物であるが、どれほどしげしげと見つめても、うまそうには見えない。

ほかの雑草が倒れて消える場所に生えるので、農家やガーデナーを悩ますこともない。どうしてそのような場所に残るかといえば、やがて実るオオバコのタネは、ちょっとした粘り気をもち、あなたにくっついて移動する。動物が移動する道を中心にして殖えてゆくつもりである。

このタネやその包みも漢方薬となり、ダイエットや便秘解消の妙薬として活躍している。

オオバコ科
PLANTAGINACEAE
ヘラオオバコ
Plantago lanceolata

収穫期：春
利用部位：若葉

西洋では薬用ハーブとして
① 傷ついていない若葉を摘む
② 冬や初春のロゼット葉もよい

料理法
料理はオオバコといっしょ。塩茹でして和え物にするのもよい

ヘラオオバコ

ヘラオオバコの花

冬のロゼット

一年草

居所：道ばた、草地など
背丈：20〜70cm
花期：4〜8月

薬用となるほか、オオバコの仲間にあって花穂の観賞価値が高い種族。ユニークなのでいっぺんで憶える

この難問も宵の口
〜マツヨイグサの仲間〜

　待宵草——夏の夕暮れに、さざ波がごとく広がる虫の音色に誘われて、レモン色の花弁がふわりと開く。明るい月夜に咲き誇り、朝露に濡れるころ、そっと色香を閉じる。たった一晩の花であるが、次々と咲かせるのでたいそう賑やか。

　マツヨイグサは風情あふるる花を咲かすが、その性格はやや荒っぽい。潮風のきつい沿岸部から内陸の静かな山中まで、荒地や道ばたのいたるところに一大コロニーをこさえている。物好きにも、国道のガードレール、線路脇など、とんでもないところにレモン色した花畑があったら、たぶん連中の仕事である。

　とにかく花がかわいらしく、甘いフローラルな香りをたたえるので、ナマのままサラダに飾って楽しまれる。花蜜をたっぷりこさえているから、そのまま食べても甘い。

　この花にうっすらころもをつけて天ぷらにしたり、軽く湯通ししてから三杯酢で一品あしらう。湯通しする場合は色落ちしやすいので、お湯に小さじ1杯未満の酢を落とすと色が保てる。

　葉茎の場合、塩茹でしてから水にさらし、食べやすい大きさに切って、マヨネーズ、酢味噌で食べるか、炒め物にして楽しむ。

　注意すべき点もある。まずは採取場所。

　連中の棲み家は冒頭に述べた。どういうわけでか、粉塵、農薬が舞い踊る場所に好んで腰を据えるため、どれも食用にはむかない。人気の少ない郊外に行き、野原で見つけるべきである。

　最大の難関は——識別。

　こだわらなければそれでいい。多くの書籍も「この仲間はどれも同じように食す」と記す。ただ、地域によってさまざまな種族が暮らし、風味や香りも確かな違いがある。

アカバナ科
ONAGRACEAE
マツヨイグサ
Oenothera stricta

収穫期：春、夏
利用部位：若葉、花

美しく、甘く、香る花々
①花は生食可。甘く香る
②冬や初春のロゼット葉のほか若葉を摘む

料理法
花はサラダ、天ぷらに。葉は天ぷらのほか和え物や炒め物で。マツヨイグサの花はしぼむと赤くなるのが特徴

マツヨイグサ

メマツヨイグサ

アレチマツヨイグサ

一年草

居所：河原、荒地、海辺など
背丈：30〜100cm
花期：5〜8月

道ばたや荒地でよく見るのはメマツヨイグサ、アレチマツヨイグサ、オオマツヨイグサの三種。マツヨイグサは少なくなった

橋本郁三氏は**コマツヨイグサ**をもっとも評価しており、個人的な感触でも、コマツヨイグサ、次に**アレチマツヨイグサ、マツヨイグサ**が特にすぐれているように思う。

　この仲間はすべて海外からやってきたもので、日本原産種はないといわれる。なかでもいち早くやってきたのがマツヨイグサ。

　これに続き、**大(おお)マツヨイグサ、鬼(おに)マツヨグサ、大花小(おおばなこ)マツヨイグサ、雛(ひな)マツヨグサ、野原(のはら)マツヨグサ、港(みなと)マツヨイグサ、ミズリーマツヨイグサ**——と続く。これだけでお腹いっぱいなのに、識者によって分類（区別法）が違っており、「これは新しい別種で、こっちは同じ種の変種」などと混乱をきたし、争いが絶えない。

　とにかく専門図鑑がないとわからない。毎年この時期になると区別のポイントを憶えてみるのだけれど、翌年のシーズンまでにすっかり混乱をきたしている。

　見つけた場所を手がかりにすると、たいてい「どちらか」まで絞り込める。くわしく調べるなら写真に撮るとよい。花だけでなく果実も写しておく。あるいは熟してタネができた果実を数個ほどもいでもち帰れば、まず間違いなく結論までたどりつける。最後の仕事は「誰の説に賛同すべきか」を決めること。

　この、とても明快な方法でクリアーできるとしても、このシーズンはほかにおもしろい植物が目白押しとなるため、マツヨイグサは後まわしになり、あとでうんうんと悩むことになっている。

　調べるために使う「図鑑」も気をつけたい。

　ハンディータイプのものは、おおまかなアタリをつけるのに使う。結論はうん万円の高価な専門図鑑でつける。買う必要はなく、地元の図書館を大いに活用したい。本種はひどく難解だが、これでも整理がされているほう。

アカバナ科
ONAGRACEAE
コマツヨイグサ
Oenothera laciniata

収穫期：春、夏
利用部位：若葉、花

上品な香りと甘みが魅力
①花は特に甘い芳香をたたえている
②冬や初春のロゼット葉や若い茎葉を摘む

料理法
料理はマツヨイグサといっしょ。葉より花を楽しむ。この仲間ではもっとも区別しやすい種族である

コマツヨイグサ

道ばたのコロニー

二年草
居所：道ばた、荒地、海辺など
背丈：10〜50cm
花期：5〜8月

本種は小型で見分けが簡単。国道沿いの歩道でちいさなレモンイエローの花畑をこさえることが多い

召しませかわいい顔色を
～ヒルガオの仲間～

　朝、昼、夕、夜——あらゆる顔をもつカオハナのなかで、もっとも可憐、きわめて豪胆、果てしなく凶悪であるのが**ヒルガオ**。どれほどの名ガーデナーをもってしても、彼女にいうことを聞かせるのは不可能である。ひたすら彼女の前にひざまずかされ、華奢でまっ白な御足に頭を垂れるほかない。

　世の美人にはクセがある。この美しい花にはアクがある。むかしの人は、このじゃじゃ馬娘を飼い慣らす手立てをもっていた。

　ほとんど一年を通して、ヒルガオは収穫できる新芽を伸ばす。穂先の部分を摘み取って、熱湯にひとつまみの塩を。しばし湯の中で躍らせたら、今度は冷や水を浴びせかけ身を引き締める。さすがの彼女もここでアクが抜けてくる。しっかりと水を切ったら、てんこ盛りのかつお節で飾りたて、醤油（または酢醤油）でさらりといただく。

　あわいピンクの花をそのままサラダに飾る人もあるが、熱湯でさっと湯がいてから賞味すると、いっそう顔色が美しくなり食べやすい。お湯に少量の酢をたらすのが、花色を保つポイントである。生のままなら、うっすらところもをつけて天ぷらもよいだろう。

　彼女の足癖の悪さは折り紙つきであるけれど、これも新芽と同じように下ごしらえをしてから、天ぷら、煮物などで味わえる。

　ヒルガオは、肥沃な場所に好んで生えるため、滋味も豊かで薬効も期待される。よく似た**コヒルガオ**も、まったく同じ技法で一品に仕立てることができる。

　ひどい荒地や道ばたでも平気で花を咲かせているが、地下ではモーレツな勢いで足を伸ばし、おいしい養分をそこらじゅうから

ヒルガオ科
CONVOLVULACEAE
ヒルガオ

Calystegia japonica

収穫期：春、夏
利用部位：若葉、花

「初夏の彩り」を味わう
① 開き始めの花を狙う
② 白い根茎も食用になる

料理法
花のサラダ、花の天ぷら。根茎は天ぷら、煮物で。ヒルガオとコヒルガオの区別は下段写真を参照（花柄に明確な違いあり）

| ヒルガオ | コヒルガオ |

花柄 / 花柄

多年草
居所：畑地、荒地、道ばたなど
背丈：つる性
花期：6〜8月

花容はほがらかな少女の笑顔。そして熾烈を極める道ばた世界の顔役。その繁殖力は園芸家を震え上がらせる

集めてくる。だから一度茂ると手に負えない。

　ヒルガオとコヒルガオをどうしても区別したい方は、前ページの図を参照願いたい。葉の形、花の柄に注目すればわかりやすいが、ひとつだけ注意点を述べれば、新芽のときの若葉では、違いが微妙なことが多い。あまり追求しなくとも、間もなくイヤでもわかるようになる。

　さて、道ばたにはさまざまな「顔」が並んでいる。

　アメリカアサガオは、第二次世界大戦後、米軍の食糧支援物資の中に紛れ込んでいたもので、いまでは耕作地や道ばたで大きな顔をのぞかせている。右の写真はあわいサファイア色が美しく、葉っぱが丸い**マルバアメリカアサガオ**というタイプである。

　一方、**マメアサガオ**は、とてもちいさい可憐な種族。ピンクや白のおちょぼ口をちょんちょんとあしらう様子がとても愛くるしい。これも帰化植物で、耕作地やその周辺の荒地で見られる。

　名前こそアサガオであるが、いずれも園芸用のアサガオが終わったあと、晩夏から秋にかけてが最盛期。栽培されるアサガオが多彩におよぶため、道ばたで広がるアメリカアサガオ類は園芸種が逃げだしたものと思われがち。こうして園芸種と密航者（非意図的侵入種）と区別がつかぬうちに、畑や野辺に密航者たちがはびこり、しばしば農家を悩ませる事態になっている。

　あなたの食欲と味覚を楽しませたりすれば減りもするであろうが、この連中は残念ながら食えない。

　こうしてアサガオ、ヒルガオと名がつくものは、いまや野原や海岸にたくさんある。

　花色、形の美しいものが多く、旅先にて新しい「顔」と出逢うことは大きな楽しみのひとつになる。

ヒルガオ科
CONVOLVULACEAE
マルバアメリカアサガオ

まずい

Ipomoea hederacea
var. *integriuscula*

収穫期：春、夏
利用部位：若葉、花

農家を悩ます野生のアサガオ
①花色は淡く透明な青紫
②萼が5裂し長い毛が密生
③茎にも毛が生える

食用にならない。野辺で帰化するアサガオたちは多彩におよび、葉の形、花のつけ根に注目すると識別が容易になる

マルバアメリカアサガオ

マメアサガオ

一年草
居所：畑地、荒地、道ばたなど
背丈：つる性
花期：6〜8月

野生のアサガオはどれも美しい。肥沃な土地を好むため畑地の周辺で大繁殖する。農家には悩みの種

近未来SF世界的「春菊」
〜ダンドボロギク・ベニバナボロギク〜

　日ごろ、さまざまな文献を読み散らかしているけれど、本種の食べ方が紹介されているのはたったの一例しか知らない。貴重なのでご紹介しておきたい。

　ダンドボロギク——なんという響きの悪さ。ひどい。けれど現物を見たら、「これぞまさしく」と誰もがうなづく。ひと言でいえば「貧相な草」。あるいは「けったいな雑草」である。右図をご覧いただきたい。なんと冴えない風貌であるか。

　愛知県は段戸山で発見されたのでその名がある。北アメリカからやってきた帰化植物で、あっという間に全国各地の荒地・道ばたに広がった。恐るべき繁殖力がもち味である。

　気になる「食法」であるが、貴重な原典からそのまま引用してみる。

——やわらかい若芽を摘み、塩茹でし、水にさらし、辛子マヨネーズ、ゴマ和えなどで食べる(『食べられる野生植物大辞典』橋本郁三著より抜粋)。

　ここまでくると、マヨネーズとゴマ和えという調味料のなんとすばらしいことか！　これさえあればなんでも食えてしまうのではなかろうか。

　気になるのは、実践的な研究者である橋本郁三氏が「味に関する記述」をしていないことである。うまいマズいをはじめ、辛味やアクの強さなど、「風味の特徴」がサッパリでてこない。つまり、そういうことなのだ。

「ここはあえて食べてみようか」

　本書はそういった勇者(しかもややヒマ気味な猛者)向けの珍品として位置づけしておく。日ごろから山野草にそれほどなじみが

第2章 雑草美食倶楽部

キク科
COMPOSITAE
ダンドボロギク

Erechtites hieracifolia

収穫期：春、夏
利用部位：若葉

なんとかギリギリ食用可
①やわらかな若芽、若苗（アクが強いので食用にむかないとする書物も）

料理法
若芽や若苗を辛子マヨネーズ、ゴマ和えで。アクが強めなので下ごしらえを十分に

ダンドボロギク

ダンドボロギクの花

ダンドボロギクの葉姿

一年草

居所：畑地、荒地、道ばたなど
背丈：50〜150cm
花期：9〜10月

見分け方は花で憶えると簡単。道ばたや荒地にごくふつう。大型のものは大人の背丈ほどにも育つ

ない人は、ココから手をつけても仕方がない。

しかも、これだけにとどまらない。

ダンドボロギクのお仲間に**ベニバナボロギク**がある。

性格から立ち姿までほとんどダンドボロギクのそれであるが、夕日のような明るいオレンジ色の花穂をあしらう種族である。これもまたよく殖える。

食べるためのアイデアはダンドボロギクよりも多彩。意外にもこちらは広く楽しまれているようで、春菊にも似た風味が特徴とされ、台湾でも一品として添えられるという。このように書くとなかなか有望に思われるが、個人的には食指は動かぬ。なにかの話のタネに——という位置づけが最良であるかに思う。

「食糧難のときに、憶えておこう」

こうした考えは悪くはない。けれど本種たちにかぎっていえば、あまり妥当しない。なぜか。まずマヨネーズ、ゴマ、クルミなど、和えるものが欠かせないから。

さらに、よっぽどおいしいものがそのあたりに生えているのだから、なにもダンドボロギクやベニバナボロギクで我慢する必要はまったくない。近未来SF小説のように世界が焼け爛れ、地上から八百屋が消滅したとき、「ああ、なんとしてもシュンギクが食べたのだけれど」というときに重宝する。そのくらいである。

事実、本種たちは、山火事や焼け野原、あるいは開発が滞った荒地などにまっ先に侵入してくるパイオニア植物で、ここを拠点にもりっと殖える。やがてほかの植物が茂ってくると、いつの間にか消えてなくなるというユニークな習性をもつ。

激変が続くこの世界にあって、次世代の野山を担う立役者になるかもしれない。ひとまずそれは次世代の話であって、いまは抜かないと大変。翌年、もっさりと茂ってしまい——ああ！

キク科
COMPOSITAE
ベニバナボロギク
Crassocephalum crepidioides

| 収穫期：春、夏 |
| 利用部位：若葉 |

荒地に咲く「春菊」風味
① やわらかな若芽、若苗
② アジア圏では広く食用とされる

料理法
若芽や若苗を辛子マヨネーズ、ゴマ和えで。天ぷら、煮物、炒め物にもむく。ただし小鉢で楽しむ程度がよい

ベニバナボロギク

ベニバナボロギクの花

ベニバナボロギクの綿毛

一年草
居所：畑地、荒地、道ばたなど
背丈：30〜70cm
花期：8〜10月

本種も花で憶えるとわかりやすく遠目でも判別がつく。短期間で繁殖し、次の場所に移動する性向あり

ボクボクとしてしっこらしっこら
〜ギシギシ・エゾノギシギシ〜

　ギシギシは、旬がとても短く、ぼやぼやしているうちにすっかり食い逃してしまいがち。問題はもうひとつ。うまいものを見分けるのがなかなかどうしてむつかしい。

　葉っぱをべろんと伸ばすことからウシノシタとの異名をもつ**ギシギシ**。オカジュンサイと呼ばれることもある。

　見た目こそマズく、ひどく無骨で素っ気ない姿であるが、1〜2月に伸ばしてくる新芽には、独特のぬめりがあり、みずみずしく、ナマで食べても美味。シャクっとした歯ごたえも心地よい。厳しい寒さから新芽を守るために薄皮がついている。これを除き、重曹か塩をひとつまみ加えたお湯で茹でる。熱でふにゃふにゃにならぬ程度にするのがポイント。湯から上げたら水によくさらし、かつお節をかけたお浸しにするとギシギシらしいユニークな風味が楽しめるという。あるいは辛子マヨネーズ、サンショウを混ぜた味噌をつけるのもおいしそうである。

　ギシギシはそこらじゅうに生え、ボリュームもたっぷり。食いでがありそうに見えるが、**シュウ酸**を豊富に含むため酸い味があり、勢いにまかせてもりもり食べると身体によろしくない。

　冬の間も大きな葉を広げているけれど、これを根こそぎ収穫して、小さなゴボウみたいに太った根茎を細かく刻み、葉といっしょに茹でて酢味噌和えにする。ほくほくしておいしいという話も伝わっている。いずれにせよ冬の間だけ収穫されることが多い。

　食用にされるのはおもにギシギシと**エゾノギシギシ**。この仲間は海外から帰化しているものが多くあり、どれも本当によく似ている。花の時期なら花穂あるいは実の形で区別ができるけれど、旬の冬、葉っぱだけであると非常に悩ましい。

第2章 雑草美食倶楽部

タデ科
POLYGONACEAE
ギシギシ

Rumex japonicus

収穫期：冬、春
利用部位：春芽

見た目と違ってとても美味
①やわらかな若芽はヌメリがありみずみずしく生食しても美味

料理法
お浸し、和え物、椀物。「オカジュンサイ」の別名も納得の美味。歯ごたえ、後味もさわやか

ギシギシ

ギシギシの旬の新芽

ギシギシの結実

多年草
居所：畑地、荒地、道ばたなど
背丈：60〜100cm
花期：6〜8月

葉脈が緑、葉の波打ちぐあいが緩やか、葉裏の葉脈に突起がないのがギシギシ。平凡種ほど識別はやっかい

目が慣れてくれば、まずギシギシとエゾノギシギシの葉がとても大きいことがわかる。もしも葉の中心脈に赤みがさしていればエゾであると察しがつく。

　葉の大きさは、日当たりなどの環境条件や個体差によってまちまちであるし、さらに日本の道ばたにはギシギシの実によく似たナガバギシギシが元気よく腰をすえているので困る。

　ナガバギシギシは、葉っぱの「波打ちぐあい」で区別するといわれるが、花の時期ならともかく、冬の葉姿だけから「波の間隔」で断定するのは困難であろう。そもそもの話、ふだんからそんなところをしげしげと見比べている人はいない。

　事態を決定づけたのは外来種との国際結婚。すでにギシギシとナガバギシギシの中間種が発見されており、ほかのギシギシ同士でも交雑が流行の兆しを見せている。こうなるとなにがなんだかわからない。友人・知人から「これ、なあに？」と聞かれると非常に困る植物のひとつになってしまった。

　それでもなお、本物を求め、野に親しむうち、およその見極めはつくようになる。花がない時期のギシギシとナガバギシギシの違いも、「ギシギシと比べたとき、ナガバギシギシの葉は①細長く、②細かく波打つ」というのがもっとも明快である。

　基準となる種を知り、似たものとよく比較する――科学の基本に立ち戻ることを、この雑草は教えてくれる。

　さて、先に述べた「根っこまで食べる」という話は宇都宮貞子氏の『植物と民俗』に記録されたある家庭のものであるが、よほどうまいようで、家族一同が好んで食べるため大釜で煮るほどであったという。「ボクボクとして、しっこらしっこらとうまい」などと書かれたら、無性に食べたくなるのが人情である。

アレチギシギシ

①花がまばらで赤っぽい

②実はちいさくデベソが紅い

エゾノギシギシ

①葉の中脈が紅く染まりがち

②実の縁が大きく尖りデベソも真紅

ナガバギシギシ

①葉が細長く大きく波打つ

②実は緑で鋸歯はほぼない

雑草でフレンチなエスプリを
〜スイバ・ヒメスイバ〜

　スイバがおいしい季節は、ギシギシと間違えやすい。どちらを食べてもよく、風味も似ているが、間違えるとやっぱり悔しい。
　スイバはその英名を common sorrel（コモンソレル）という。西洋料理に親しむ人であれば、ソレルと聞けばピンとくるやもしれない。
「あのおいしい野菜ね」
　日本では「酸い葉」と書くとおり、茎と葉にとても強い酸（す）い味がある。どれほどかといえば、少なくともギシギシの上をゆく（わたしには酸っぱすぎてよくわからなかったけれど）。
　調理法も同じで、ギシギシのようなぬめりこそないけれど、気の合う仲間と愉快な食卓を囲み、刺激的な野趣を楽しむにはよいだろう。試したことはないけれど、奥田重俊氏（巻末資料参照）のレシピはかなりうまそうなのでご紹介したい。
　まず、この若葉を生のまま刻んでクリームソースに加え、肉や魚のソテーと合わせれば「さわやかな風味が楽しめる」とある。あるいはオーソドックスにお浸しにしてからマヨネーズと合わせて食べればクセもやわらぐであろう。
「そんなものは生ぬるい」と、ストレートにワイルドな風味を味わいたいなら、やはりお浸しに辛子醤油、あるいはさっぱりしたサラダドレッシングでガツンと。
　注意すべきは本種も**シュウ酸**たっぷりなので、食べすぎは大変よろしくない。
　収穫期は冬から早春にかけて。放射状に伸ばした葉っぱか、新しくでてきた新芽を狙う。やがて伸びてくる茎の食べ方にも、とても気になるユニークな技法が伝えられる。
「スイコ（スイバのこと：筆者注）の葉を取っちゃって軸だけをせ、

第2章　雑草美食倶楽部

タデ科
POLYGONACEAE
スイバ

Rumex acetosa

収穫期：冬、春
利用部位：若芽、茎

さわやかな酸味と食感
①やわらかい茎葉を収穫。水気があり酸っぱい
②初春のロゼット葉も狙い目

料理法
サラダ、お浸し、和え物。見た目は地味だが生食できる道くさとしては貴重

スイバの旬の姿

スイバの花

スイバの新芽

多年草

居所：畑地、荒地、道ばたなど
背丈：30〜100cm
花期：5〜8月

葉姿がギシギシ類に似て悩ましい。収穫期のスイバの葉の基部はV字状に尖る。ギシギシ類は円弧を描く

141

瓦屋根の上に並べて塩ふって乾して1日もおくと、とってもうまくなるだ。鞄(かばん)いっぱいも採ってきて乾したもんだんね」(『植物と民俗』宇都宮貞子)

その風味がいかなるものかは伝わっていない。いつか試そうとひそかにもくろんでいる。問題は塩をするタイミング。茎の皮をむいてからなのか、皮がついたままするのか——これが記されていない。たぶん皮をむいてからであろう。ちなみに茎の皮をむき、歯でこそぐように食べてみると、初めは意外なほど口あたりがよく、甘みがある。やがて酸味が押し寄せるが、水分が豊富で、野辺で遊んだ子どもたちがオヤツ代わりに口にしたのもうなづける。

さて、収穫期のスイバとギシギシの違いであるが、P.137とP.141の写真のとおり、葉っぱのつけ根を見ればスッキリするし、あなたもパッと見てわかるようになる。それほど雰囲気が違う。

スイバは、道ばた——特に開けた野原、耕作地の付近などに多く見られるが、あなたのお庭や家庭菜園にはヒメスイバが顔をだしているかもしれない。

ヒメスイバは、スイバに比べてケタ違いにちいさな雑草で、元気いっぱい、かわいらしい葉っぱをぺろっと伸ばす。その姿は**西洋野菜のフレンチ・ソレルと瓜二つ**であるけれど、食用にされない。うまくないらしい。わたしはどちらも育てているが、両者とも食べる気にならない。食指(しょくし)が伸びるより、まず先に引っこ抜くことに忙しい。とんでもなく殖えるから。

もしもおいしいフレンチ・ソレルを育ててみるなら、ヒメスイバは超特急で抜くことをおすすめしたい。ちょっと横に並んだら、熟練のガーデナーだってちょっと悩んでしまう。

タデ科
POLYGONACEAE
ヒメスイバ
Rumex acetosella

収穫期：なし
利用部位：なし

こちらは食用にならず
①オス株の花は淡い緑（メス株は赤）
②ちいさな葉はへら状で基部が耳状に張りだす

よく似たハーブ「フレンチ・ソレル」はよく食されるが、本種は食用にされない

ヒメスイバ

ヒメスイバの雄花

ヒメスイバの雌花

多年草
居所：畑地、荒地、道ばたなど
背丈：20〜50cm
花期：5〜8月

畑や庭園ではおなじみの雑草。葉が特徴的で、長い葉柄を伸ばして放射状にぺっそりと広がる

最高級の甘い香水
～シロバナノヘビイチゴ・エゾノヘビイチゴ

　山野にはたくさんのイチゴたちが棲み、人知れずおいしい果実を鈴なりにさせている。

　シロバナノヘビイチゴは紹介するのが躊躇(ためら)われるほどの超級品。野イチゴ界の女王で、市販のイチゴよりもずっとおいしい。

　ヘビイチゴには多くの仲間があり、身近にいる**ヘビイチゴ**は花が黄色い。その赤く熟した果実に毒はないけれど、甘みがなく無愛想な味で、ぶかぶかした食感にほとほと懲りる。

　シロバナノヘビイチゴは、山地の草地や道ばたにおり、見た目はヘビイチゴにそっくりであるが、**花弁がまっ白**だからわかる。やがてちいさな赤い果実をぶら下げるのだけれど、これがよく熟したマスカットの芳香をただよわせ、口に含めばたちまち濃厚な甘味と優雅な芳香にあふれ至福のときを迎える。賞味した誰もが思わず目をつむる。耽溺するほどの美味で、後味の風雅さも秀逸。

　イチゴの仲間は、見た目と違って大変な精力家で、ランナー（走枝）という触手みたいな枝を伸ばし、この途中から根を下ろして次々と殖える。つまり受粉をしなくとも延々とクローンをこさえることができるので、こうなるとイチゴの寿命はまったく計りかねる。イチゴはとても不思議な生き物なのである。

　とはいえ、あとからくる人のことも考えて採りすぎは禁物。少し先に進めばきっと新しいコロニーが見つかるので、数個ほど、つまみながら歩く。来年の楽しみを増やすなら、タネは口からだし、そのあたりに蒔いておくという気づかいがあるとよい。

　ハイキングや山歩きをする方なら、たぶんこのイチゴの横を何度も通りすぎているはず。道ばたには多彩なイチゴがあるので、**花弁の数、果実の形**を憶えて、次の機会に備えておきたい。

バラ科
ROSACEAE

シロバナノヘビイチゴ

Fragaria nipponica

収穫期：夏
利用部位：実

優雅な芳香、ぜいたくな甘み
①ちいさな実はジューシーで熟したマスカット・フレーバーがある。市販のイチゴよりおいしい
②果実はデコボコしている

料理法
赤い実を生食。ハイキングの道すがら少しずつつまんで歩くのがとても楽しい

シロバナノヘビイチゴ

ヘビイチゴの花

ヘビイチゴの実

多年草

居所：山地の草地、道ばたなど
背丈：5〜10cm
花期：5〜7月

道ばたにはいろいろなイチゴが咲く。初めのうちは「おいしいイチゴ」の「実の形」から憶えると簡単

山にゆく機会がなく、けれどシロバナノヘビイチゴを味わいたいという人は、身近な佳品で楽しんでみたい。

　エゾノヘビイチゴは北海道で野生化しているが、きっとそのうち日本全土の道ばたで見られるようになるかもしれない。なにしろ本種はやたらと殖えるほか、各地の園芸店で売られており、全国の住宅地でごくふつうに育てられている。理由はこうである。「このイチゴを育て、実がなると、たちまち恋人があらわれ、幸せな結婚ができる」という伝説が一世を風靡し、熱狂的なブームを起こした。そのイチゴこそ**ワイルド・ストロベリー**。和名をエゾノヘビイチゴという。流通名に比べて和名はやや冴えない印象のためか、知らない人が多い。ヨーロッパ・西アジアを原産とする野イチゴで、正式な英名はwood strawberry。一般にいうワイルド・ストロベリーは、本種とチリイチゴ（南米原産）をごちゃまぜにして使われることが多い。

　前出シロバナノヘビイチゴが風味絶佳と書いたが、これも負けず劣らずの銘果。芳香の芳醇さでは群を抜く。育てるのは簡単で、むしろ殖えすぎるから引っこ抜くのに苦労する。変な場所に植えても、適地（好きな場所）を自分で探すので手間がかからない。

　やがて白い花をぽこぽこと咲かせれば、多くの生き物たちが集まり、そのていねいな仕事によって赤い果実が鈴なりに。こうなると、あたり一面にブドウジュースあるいはバラの紅茶を振りまいたような芳香がただよい、誰もがイチゴの仕業とは夢にも思わず、事実を告げるとびっくりする。バラの香りなど比較にならぬほど強い芳香を、このちいさな果実がもっている。

　この仲間には「白い実」をつける品種があり、見た目はひどくマズそうであるが、格段に美味。熟したマスカット風の後味がさらに濃厚で、一度食べたら魅了されることうけあいである。

バラ科
ROSACEAE
エゾノヘビイチゴ
Fragaria vesca

収穫期：夏、秋
利用部位：実

小粒なのに香りと甘みは絶大
①紅い実は寸詰まりの円形。晩春から秋まで獲れる

料理法
生食、あるいはジャムに。未熟な実はとても酸っぱいがよく熟すと大変甘くすばらしい芳香が広がる。白実種の香りはまさに絶佳

エゾノヘビイチゴ

エゾノヘビイチゴの果実（通常）

エゾノヘビイチゴ白実の品種

多年草

居所：庭園
　　　（北海道では野生化）
背丈：5〜10cm
花期：5〜9月

園芸店にゆけば廉価で入手可。友人・知人から根ごともらえばよく育つ。関東圏での実りは春と秋

路傍の果樹園
〜クサイチゴ・モミジイチゴ〜

　ここから紹介するイチゴたちは、草ではなく**木の仲間**になる。**クサイチゴ**もやたらとちいさいけれど、こう見えて分類では落葉小低木。

　丘陵や低山のふもと、あるいは大きな自然公園の林内であれば、クサイチゴたちはそこらじゅうから顔をだす。なんとなくやさぐれた風体であるため見向きもされないけれど、果実にはみずみずしいキイチゴジュースがぎゅっと詰まっている。

　ヤブのそば、雑木林の日陰などで育ち、樹木らしく太い茎を立ち上げる。樹高というとおおげさであるが、身の丈30センチほどとちいさい。しかし晩春に咲く花はアンバランスなほど大きく、やや皺がよった白い花弁をべろんと開き、無数のしべを剛毛がごとく突き立てる。「とにかく目立てばいいのよ」という、やや大味な仕事ぶり。花期になってもかわいらしさがほとんどないので、多くの人は、やがてここに大きな丸い実がぽてんと乗るとは夢にも思わず、うまいということも知らずに通りすぎる。

　どのイチゴにも共通するけれど、果実が赤くなっていても酸っぱいことが多い。この酸味は**リンゴ酸**、**クエン酸**などの仕事によるもので、**ビタミンC**は少量にすぎない。赤味のなかに、やや濃厚な赤ワイン色の陰りが差したとき、糖分が酸の量を上回っておいしく感じる。水分もこうした時期がいちばん多い。

　不思議なことに、ていねいに水で洗ってから食べるといまひとつ。えいやっと、その場で口に放り込むほうが各段においしい。

　散歩の途中、クサイチゴをつまみ、渇きを癒すと、いつもの散歩がなんだかぜいたくになった気がする。この勘違いが多いほど、人は幸せになるような気がする。やあ、恋愛や結婚と同じだ。

バラ科
ROSACEAE
クサイチゴ
Rubus hirsutus

収穫期：夏
利用部位：実

甘酸っぱいイチゴジュース
①淡いルビー色した大きな実を収穫。とてもジューシーでさわやかな甘さ

料理法
生食。ほんのりとアダルトな酸味を抱くので果実酒やジャムにもむく。群落を築くので収穫も楽。茎のトゲにはご注意を

クサイチゴのコロニー

クサイチゴの花

クサイチゴの熟した果実

落葉低木

居所：雑木林の道ばた、草地など
背丈：20〜60cm
花期：4〜5月

宅地周辺の雑木林や公園にふつう。クサイチゴの白花はとても大きく特徴があるので憶えやすい

今度は樹木らしい種族をご紹介したい。

里山のなかでも、スギやヒノキを植林された場所ではなく、コナラ、エノキ、カエデなど雑木といわれる木々が自然のままに育つエリア——散歩の途上、つと道ばたに目をやれば、あざやかなイエローサファイア色した果実を見つける。これ、キイチゴのなかでも特においしい果実といわれる。

モミジイチゴは、葉っぱの形がカエデを思わせる切り込みがあることに由来する。幹をすっくと立ち上げたら、枝先を道ばたに向かってしゃなりとしならせる。葉のつけ根から花柄を伸ばし、その先っぽにころんとしたつぼみをつけ、白い花をぶら下げて咲かせてゆく。おもしろいことに、どの花もかならず下を向く。

おいしい果実は、ガーネットを思わせるほどオレンジ色を帯びてきたもの。未熟なものはかなり酸っぱいけれど、それはそれで乾いた喉を癒すには十分。よく熟した果実も、これまで紹介したものとよくも悪くもまるで違い、清涼であり、甘さ控えめ。上品な大人の果実——といえるけれど、人によって好き嫌いが分かれるところであろう。よく知らぬまま片っ端から食べた人は、酸っぱいばかりでイヤになるかもしれない。

山地に多く見られる種族であるが、里山の周辺では雑木林の道ばたでもふつうに見ることができ、同世代の奥さんは子どものころオヤツ代わりによく食べたという。女の子はちいさなころからうまいものをよく知っている。

立ち姿や葉姿が美しく、特に若葉は褐色の縁取りがあしらわれており、色彩のコントラストがとても典雅。宝玉を思わせる果実が好まれることから、園芸店では苗木も売られ、住宅地に植えられる。和風・洋風を問わず優美な空間を演出できる逸品。

バラ科
ROSACEAE
モミジイチゴ

Rubus palmatus
var. *coptophyllus*

収穫期：夏
利用部位：実

キュッとした酸味がクセに
①果実は淡いガーネット色。甘酸っぱさが魅力
②花びらは5枚。かならず下を向いて咲く

料理法
生食、果実酒、ジャムむき。葉がモミジのようで白花をうつむかせて咲かせるためすぐわかる

モミジイチゴ

モミジイチゴの葉姿

モミジイチゴの果実

落葉低木

居所：雑木林の道ばた、草地など
背丈：150〜200cm
花期：4〜5月

葉とイチゴの色彩が特徴的。大型園芸店の果樹コーナーでも売られており、ここで予習するのも一手

風変わりな大人のイチゴ
〜ナワシロイチゴ・フユイチゴ〜

　身近にいるキイチゴのなかでも風変わりな種族がある。これを**ナワシロイチゴ**といい、都会や人里に好んで棲みつく。名前の由来は、稲のタネを蒔いて苗代をつくる時期に赤い実が熟すから。つまり田んぼや用水路など、よく目立つところにいるので季節時計として楽しまれたのであろう。

　まずもって変わっているのが、ナワシロイチゴは**つる性の落葉低木**で、ウネウネと這い回るのを好む。その花もきわめて特徴的で、花弁を淡い桃色に染めあげ、どういうへそ曲がりでか、花をほとんど閉じたままにする。インドのストゥーパ（仏塔）を思わせるドーム型建造物がごとき花をたくさんつけるため、ユニークで愛らしいブーケとなり、心ある芸術家たちが花材に使ったりする。

　果実の味も、人によって評価がまちまち。「とても酸っぱい」から「甘くておいしい」まで幅広くあるのは、完熟する時期がよくわからないからであろう。未熟で酸っぱいものも、ジャムにしたりリキュールに漬けて楽しまれているようではある。

　そもそも果実がなる時期が遅い。ほかのキイチゴたちが終わったあとで、ちびちびのイクラをきゅっと寄せ集めたような小型の果実をつける。わたしはいまだ味わったことがない。花を楽しんでいるうちに果実の時期をすっかり忘れてしまう。こうした人はかなり多いと思う。

　不思議なことに、この花がブーケのように美しく咲いていても、誰ひとり、見向きもしない。撮影をしていると「なんて綺麗な！」と初めて驚く人が多い。キイチゴの仲間だと教えるとびっくりする。その大多数がやはり果実を試すことを忘れているだろう。

　ナワシロイチゴも変な時期に実るけれど、続いての種族もたい

バラ科
ROSACEAE

ナワシロイチゴ

Rubus parvifolius

収穫期：晩夏、秋
利用部位：実

その酸っぱさは折り紙つき
①果実は紅。花は佳麗だが、果実はとてもちいさく目立たない

料理法
生食よりジャムや果実酒など加工むきとされる。なかなか酸っぱいという（私はいまだ経験なし）

ナワシロイチゴの葉姿

ナワシロイチゴの花

落葉低木
居所：雑木林の林縁、田んぼなど
背丈：20〜40cm
花期：5〜7月

個体数は多いけれど花がないと気がつかない。茂みにあると桃色の花束も景色に溶けて見落としがち

した変わり種といえる。キイチゴたちの季節がすっかり過ぎ、落ち葉がはらはらと降り積もる雑木林——身を斬るような寒風が走り抜けるなか、ここにイチゴがなるのである。

年の瀬も迫る12月。雑木林の世界は凛とした空気につつまれ、キツツキが遠くで木をつく音すら明晰に響くほど。まばゆい冬の木漏れ日がさす道ばたに、丸っこい、ごわごわした葉っぱが這い回っていることであろう。**フユイチゴ**たちである。

フユイチゴのわかりやすい特長ともなる丸い葉には、艶やかな光沢があり、葉の裏には毛がびっしりと生えている。時折すっくと立ち上がる株もあるが、多くは地面を這うように伸びており、群落となれば、いやにへらべったい茂みをこさえて歓んでいる。

山地や丘陵のなかでも、うす暗い、開けた場所が好みに合うようで、秋になると人知れず白い花を咲かせてゆく。無骨でやぼったい全身とは対照的な、清純でかわいらしい白花である。

紅葉が過ぎ、人通りがなくなった時分、フユイチゴたちはいっせいに実りを謳歌する。ラズベリー色に輝く赤い果実は、思いのほか大きく、甘酸っぱい。たくさんあるキイチゴの仲間でもおいしい部類に入るが、甘さよりも酸味が強め。ジャムや果実酒むきといえるであろう。

師走という気ぜわしい時期に、わざわざ寒い雑木林を歩く人はめずらしい。けれども冬鳥の声を楽しみ、落葉の香りを楽しむ人に、森からささやかなプレゼントがある。

「今年もいろいろ、よく食ったなあ」と、なかば呆れつつ、ひと粒、ふた粒。年の最後の野イチゴは、ほのかに甘く、キリッとしまった酸味。人生の酸いも甘いもこのひと口に。まだ見ぬ新たな旅路を思いつつ——。

バラ科
ROSACEAE
フユイチゴ
Rubus buergeri

収穫期：冬 利用部位：実

甘酸っぱい真冬のデザート
①まっ赤な果実は円形。野生的な甘酸っぱさがありとてもジューシー

料理法
生食、ジャム、果実酒に。真冬に旬を迎える野イチゴは貴重。茎葉に微細なトゲがあり結構痛いので注意されたい

フユイチゴ

フユイチゴの葉

フユイチゴの果実

常緑
つる性低木

居所：雑木林の草地（日陰）
背丈：5〜20cm
花期：9〜11月

イチゴ類を葉姿で憶えるのはひどく時間がかかるが本種は例外的。ゴワついた姿は一度で憶えられる

第3章

山中放浪記
～身近な野山はさらに絶品。
いやあ、食べ方も風変わりでしてね～

日本の野山は美食の菜園。けれどなんだか
数が多すぎる。ここによく似た「マズい」も
織り交ざりあなたの審美眼が試される。
より風雅で深みがある美食の世界へ。

山葵と浄瑠璃は泣いて誉めろ

　こうしたことはとかく失敗がつきもの。達人と呼ばれる人々が、どれほど死線をさまよい、幾度腹痛にのたうちまわったことか。

　小心者のわたしは、野草やキノコで病院送りになったことはない。その代わり、泣く。ありえないほどのマズさゆえ。

「山葵と浄瑠璃は泣いて誉めろ」とは、自然と泣けてくるものほど上等だ、という意であるけれど、山で採った山葵（わさび）が旬でない場合、モーレツに泣けてくる。マズい。それは想像を絶するもので、思いだすたびに胸が悪くなる (⇒P.164)。

　山に棲むモノたちは、平地の草花とまるで違った工夫を凝らしており、その姿から風味までとても多彩に富む。棲みつく種族の顔ぶれも土地によってガラリと変わることから、よほど慣れないと見極めはむつかしい。安全に採集するとなれば、植物に関する知識（分類学・植生学・生態学など）について、それこそ涙がこぼれるほど膨大な分量が要求される。

　ところが見たり育てたりするなら、思いのほか気軽に楽しめる。醍醐味は、ごく身近にいる植物と見比べて、「どこが、どう違うか」に驚くことにあると思う。同じ仲間でも、平地と山地という棲み家の違いで、どういった適応（進化）を遂げたのかを考えれば、生命の底力に度肝を抜かれ、科学的な好奇心を刺激されて夜も眠れない。世の雑事など、どこ吹く風である。

　ひとまず野山にでかけてみたい。わたしたちに必要なものは解放感。めんどうなことはおっぽり投げて、いま、この美しい世界で遊べる幸せを満喫してみたい。日本の自然は世界の博物学徒にとって「垂涎の神秘世界」。名品・珍品の数々を、まずはその目で楽しみ、すべてが身近にある幸せを誰よりも愉快に耽溺（たんでき）してみたい。

里山の珍品は「風味」から「見た目」も個性的
知れば知るほど楽しくなる「ユニークな花花花」

タチツボスミレ
身近に多いスミレの代表。
花や葉が食用にされる

アマドコロ
春の新芽は美味な山菜。
根茎は甘みがある漢方薬

イカリソウ
茎葉は山菜となるほか、
有名な「精力薬」に

ジイソブ
若芽が山菜になるが、
数が少なく希少価値高し

オニユリ
ユリ根で有名な山菜。
庭花として人気が高い

カタクリ
高貴な風味で有名な山菜。
全草が食用になる

あぁ、憧れの「スミレのトロロ」
〜スミレの仲間〜

　この花には美しい物語が多い。なかでも『野辺の昔の物語』は飛びぬけて不思議で幻想的。

　むかし、ある旅人が道に迷って野辺にでた。ふと足元を見ればちいさな鳥の卵。これを袖に入れて歩き続け、その夜、野宿をするのだけれど、夢の中で「あなたが拾った卵は前世の子である。これをこの野に埋めてくれ」と言われ、はっと目が醒めた。翌朝、言われたとおりに卵を埋めると、そこからスミレが生えてきた――。卵とスミレという不条理なつながりが、ひどく想像力をかきたてる。

　スミレは不思議が多い生き物で、育てやすいかと思えば、いきなり消える。都会の道ばたに咲いているからともち返れば、すぐに枯れる。

　なかでも**タチツボスミレ**は住宅地で「はびこる」ほどおなじみの顔で、しかもこれは食用になる。

　淡い空色の花は、そのままサラダやデザートに飾ってもいい。若い葉茎は天ぷらに。あるいはさっと塩茹でしてから水にさらし、酢味噌やサラダドレッシングでサッパリと楽しむ。

　都市部でも公園や草地にふつうであり、繁殖力も旺盛であるからして、家族や友人で楽しむほどなら気がねなく採れる。

　よく似たものに**ニオイタチツボスミレ**がある。まるで瓜二つであるが、花に上品な甘い芳香があるのでわかる。これもごくふつうに見ることができるし、タチツボスミレと同じように利用できる。あまりにも香りがよいので、これを堪能するだけでも十分幸せな心もちとなれる。公園などで、樹木の株元でもってちいさく群れて咲く姿はひときわ愛らしく、写真愛好家たちに格好のアイドルとして愛されている。

第3章　山中放浪記

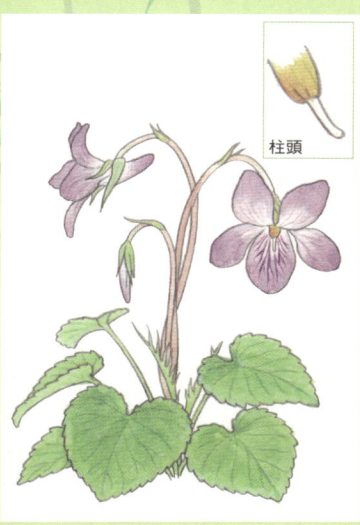

スミレ科
VIOLACEAE
タチツボスミレ
Viola grypoceras

柱頭

収穫期：春
利用部位：若葉、花

美しく映えクセもなく
①花も生食可
②若い茎葉を摘む

料理法
花はサラダのほかフルーツやスイーツに副えて。茎葉は天ぷら、お浸し、サラダ。「ニオイタチツボスミレ」は高貴な芳香がありデザートに加えてぜいたくさを演出

タチツボスミレ

タチツボスミレのコロニー

ニオイタチツボスミレ

多年草
居所：住宅地、草地、山地など
背丈：10〜30cm
花期：4〜5月

タチツボスミレは公園や住宅地に好んで棲みつく。花色は淡く、花の後ろ（距）が細長く、花柱の先端が円筒形

161

さて、こちらは大変興味ぶかい珍味。「スミレのトロロ」なるものをご存じであろうか。

　日帰りで低山などに遊びにゆけば、道ばたに**スミレサイシン**の仲間がいる。サイシンとは細辛と書き、葉の形が辛味のあるウスバサイシン（ウマノスズクサ科）に似ているのでその名がある。

　花はスミレのそれで、しかし葉っぱが細長く伸びる特徴がある。

　スミレサイシンをていねいに掘り起こせば、ちょっとした大根足が現れる（スミレ類の多くは大根足にならない）。ひげ根を取り除き、よく水洗いをしてから下ろし金で擂る。これをだし汁の中に入れ、よくなじませてから食べる、すする、わが身の幸せを満喫する。花や茎葉もタチツボスミレとまったく同じ方法で楽しむことができるようで、味もよいとされる。あますところなく珍味を堪能できる逸品である。

　さて、幸運にもこれを見つけ、いよいよ収穫となったとき、株元をつまんで「えいやっ」と引っこ抜けば、「やや、葉っぱだけ！」。根っこはしっかりと地面を掴み、なまなかなことでは抜けない。見た目の大きさよりもずっと深く潜っている。枯れ枝などで辛抱強くほじくるか、シャベルで慎重に探るしかない。

　もうひとつ、決定的な難関がある。

　スミレはとにかく人気が高く、各地でさかんに盗掘されている。スミレサイシンはマニアが喜ぶ珍品ではなく、都市近郊の自生地にたくさん生えているのだけれど、これを掘ること自体が通行人の機嫌をひどく害するだろう。収穫にも時間がかかるため、ちょっとした危険を孕んでいる。

　わたしも堀りあげてみたが、そのまま植え直した。人目が怖いからではない。もっと太った根っこでないとうまくないのだ。

　スミレは実に根が深い生き物である。

スミレ科
VIOLACEAE
ナガバノ スミレサイシン

Viola bissetii

収穫期：春
利用部位：根茎

なんともぜいたくな珍味です
①花と茎葉も食用可
②よく太った根茎を探す。すり鉢でおろしトロロで楽しむ

料理法
花と茎葉はタチツボスミレより美味という。料理法はいっしょ。トロロのポイントは太い根茎を見つける。これがむつかしい

柱頭

ナガバノスミレサイシン

ナガバノスミレサイシンの距

ナガバノスミレサイシンの根茎

多年草

居所：山地の道ばたなど
背丈：5～10cm
花期：4～5月

花色は淡い紫から白色。花の後ろの部分（距）が太く短く、花柱はカマキリの頭形（上図参照）

163

きわめてマズいワサビの味わい
〜ワサビ・ユリワサビ〜

　なんといっても野生の**ワサビ**である。これを掘りだしたときの感動たるや。

　母といっしょにすっかり浮かれてシャコシャコと擦りおろす──。「野生のワサビについて」というと、多くの人が「そもそもワサビに野生なんてあるのか」と思う。確かにあるし、なにも長野県や静岡県にかぎらず、北海道から九州にいたるまで意外と身近に棲んでいる。

「山の清流」に育つといわれるが、人里近くの丘陵や低山にいるし、考えてみると山の小川はたいてい清流で、はたしてハイキングコースの水飲み場あたりにも群れて棲んでいたりする。

　さて、おろしたワサビに醤油をたらし、新鮮なホウレンソウのお浸しを食べる。まず母が「うへえ」と呻いた。「そんなに辛いのですか」と、嬉々として箸をつけた。「……が、がふっ」

　これはひどい。マズいにもほどがある。

　ワサビのキリリとした優雅な香りはごくわずか。代わりに植物繊維の束を、濁ったドロに浸したような風味が優勢である。ホウレンソウのお浸しだから助かったけれど、もしも新鮮な魚の刺身であったら──そう考えるとゾッとするほどマズい。

　あとで聞けば、その時期は葉ワサビを楽しむべきだったという。

　葉を適当な大きさに刻み、軽く塩でもむ。これをザルに移して熱湯をざばざばとかけたら、ちょっとひと息入れて、水をかけてしっかりと冷やす。ふたたび塩をしたら冷蔵庫で一夜漬けにしたり、あるいは冷蔵庫でひと晩すごさせてからだし汁を加えて食べる。のりで巻いて醤油をつけてもおいしいらしい。

　つぼみの時期も、茎葉を摘み取り、同じ調理で辛味を楽しむ。

アブラナ科
CRUCIFERAE
ワサビ

Wasabia japonica

収穫期：春
利用部位：若葉、根茎

清涼な刺激あふるる葉ワサビ
①若い茎葉を摘む。花が咲く前がよい
②野生ワサビの根茎は食用に向かないものが多い

料理法
葉ワサビはつぼみの時期まで楽しめる。お浸しやサラダ、刻んで薬味など

ワサビの新芽

ワサビのコロニー

ワサビの根茎

多年草

居所：山地の水場、渓流沿い
背丈：20〜40cm
花期：3〜5月

低山地でも渓流沿いのほか雨水が流れる場所に群れている。葉に刻まれた複雑なシワ模様が美麗

主役の根茎は、花や実がつく時期になると風味が悪くなるので避ける。おいしい早春の時期でも、よくよく育っていないちいさな株はやはり風味が悪い。わたしと同じ憂き目にあう。

　住宅地のそばにはないけれど、日帰りハイキングなどで出逢えたら、葉ワサビは気軽に楽しめる山菜といえる。

　ワサビたちが棲みつく場所なら、**ユリワサビ**を見かけることもあるだろう。こちらは清流でなく、雑木林の縁やハイキングコースの道ばたにいる小型のワサビ。

　早春から晩春にかけて、まっ白の十字花をたくさんあしらって実にかわいらしいが、大勢のハイカーにとっては目にもとまらぬ地味な雑草。そこ此処で咲き誇っているのに、愛でる人をかつて見たことがない。

　これにもちゃんとしたワサビの風格があるようで、葉ワサビとして楽しむことができるという。調理法も葉ワサビと同様であるが、注意点がある。熱湯をかけすぎないこと。ナマでも食べられるほどアクがなく、熱を通しすぎればかえってアクがでてマズくなるといわれる。花の時期、花茎や葉を摘んだらキレイに洗ってサラダに加えたり、細かく刻み、めん類や椀物の薬味にしてもよい。

　いまとなっては山採りのワサビよりも、「この間、小生、ユリワサビを楽しんでね」といったほうがツウぶれるし、会話も弾むであろう。それほどユリワサビの存在を知る人は少ない。

　調理の手間がかからず、しかも応用範囲はワサビより広い。

　さらにワサビを採っているとイヤな顔をされるかもしれぬが、知名度がきわめて低いユリワサビなら簡単にやりすごせる。

　とはいえ全国8つの県で高度の絶滅危惧種に指定されるため、保護地で採取しないよう注意したい。

第3章 山中放浪記

アブラナ科
CRUCIFERAE
ユリワサビ
Wasabia tenuis

収穫期：春
利用部位：若葉

女性的なやさしい刺激が魅力
①やわらかい茎葉を収穫。開花前のものがよい

料理法
お浸し、サラダ、薬味。アクやクセがほとんどないので下ごしらえは軽めに。さわやかな辛味を楽しみたい

ユリワサビ

ユリワサビの花

ユリワサビの花茎

多年草
居所：山地の道ばた、渓流沿い
背丈：20～30cm
花期：3～5月

ちいさな天狗のウチワを思わせる葉姿がかわいらしい。湿り気がある雑木林、岩場、茂みで暮らす

うまい提灯、マズい風鈴
～アマドコロ・ナルコユリ・ホウチャクソウ～

チョウチンバナ、キツネノマクラという別名も愛らしい**アマドコロ**。雑木林の道ばたでもって、乳白色の釣り鐘を春風に遊ばせている姿が印象的。つぼみの先を飾るライム色がまた美しい。

食べてもおいしい野草で、なかでも特に喜ばれるのが新芽。

さて大問題がある。そっくりな有毒種があるため、大変危険。まずは花の時期に識別できるようになり、あらかじめ生息地を確かめておく必要がどうしてもある。

といいながら、もっともおいしい新芽の話をする。

3月中旬から4月ごろ、淡い緑色したスマートな新芽がポコポコと生えてくる。根元の土を軽く払いのけ、白い株元がのぞけて見えたら、ここからさくっと切り取る（掘りあげる必要はない）。

最高の風味を味わうには、さっと茹で、水にさらし、お浸しで。酢味噌、酢醤油などでさわやかな甘みと心地よい食感を存分に楽しむ。あるいはもっとシンプルに、水洗いで土を落としてから天ぷらでもっておおいに満喫。

アマドコロの新芽は滋養に富む。かつては救荒植物（凶作や飢饉のときに食用として重宝したもの）として活躍し、ときにはその根茎が漢方薬「萎蕤（いずい）」として滋養強壮に用いられた。

「そうはいっても、新芽はすぐに楽しめないじゃないか」とのお怒りごもっとも。

実は花も美味であるという。わくわくしながら花を摘んだら、お湯にくぐらせ、甘酢や酢味噌で楽しむ。まずはこれを堪能してから次の春を待ちたい。

さて、識別にはアマドコロがわからないと話にならない。右図の解説でおよその特徴をつかんだらナルコユリと比べてほしい。

ユリ科
LILIACEAE

アマドコロ

Polygonatum odoratum var. *pluriflorum*

> 収穫期：春、夏
> 利用部位：若芽（春）、花（夏）

春の佳品はやさしい味わい
① 花も美味とされる
② 若芽は絶品の山菜
③ 根茎に甘み。漢方薬

料理法
若芽はシンプルに天ぷら、お浸しで楽しむ。花は軽く湯通ししてから酢味噌や甘酢で。まず花で楽しんで次の春を待ちたい

アマドコロ

アマドコロの新芽

ナルコユリ：同じ環境に育つ
① 茎が丸い、② 葉が細い

多年草
居所：山地の道ばた、草地
背丈：30〜60cm
花期：4〜5月

アマドコロの葉は幅広く、茎を触ると角ばった感触（稜）がある。ナルコユリとセットで憶えたい

ナルコユリはアマドコロと瓜二つ。別名もチョウチンバナ（あるいはヘビノチョウチン）などと愛される。茎を触れば違いは明白。こちらは丸い（角ばった稜がない）。葉も細く、花の数も1〜5個と多め（けれども花数はあてにならないことが多い）。

　花期も同じでやっかいであるが、アマドコロと同じ調理法でおいしく食べられる。

　そしていよいよ問題の有毒種をご案内したい。

　ホウチャクソウ（宝鐸草）は、雑木林、ヤブのそば、住宅地でふつうに見られる種族で、有毒。右図のとおり、ぱっと見たらアマドコロではなかろうかと思う。わたしのように意地汚いと、「やあ、こんなところにアマドコロが――春がきたら、おほほほほ」と、欲にくらんだ目でもっていかがわしい妄想をふくらませる。これを食べると、下痢・腹痛・嘔吐でもんどり打つので要注意。

　ポイントは、地面から立ち上がった茎が「上部で分岐」していること。アマドコロやナルコユリは「一本立ち」で分岐はしない。ただし、ホウチャクソウもごく若いときは分岐しないし、芽だしのころはそっくり。花の時期に見ておく必要があるのはそういうワケである。

　もうひとつ、**チゴユリ**がある。

　花の時期ならわかりやすいが、新芽が似ている。特に食い意地が張った目で見ると、これはもう食い物であると錯覚しがちであるが、有毒。雑木林の林床に多いので、春先、散歩の途中でアマドコロの新芽を見つけても疑ってかかる。たぶんホウチャクソウかチゴユリで間違いない。どちらも清楚で美しい生き物であるから、観賞価値は高く、楽しめる。食えないだけ。

　山地に行くとさらにバリエーションが増えるので、うれしいやら悩ましいやら。

ユリ科
LILIACEAE
ホウチャクソウ ヤバイ
Disporum sessile

収穫期：なし
利用部位：なし(有毒)

端整で美しい身近な毒草
①花はグリーンが強く発色し角ばった印象
②茎は上部で分岐する

パッと見た目はアマドコロ、ナルコユリとそっくり。写真右下はチゴユリ。同じ環境に育ち、有毒

ホウチャクソウのコロニー

ホウチャクソウの花

チゴユリの花

チゴユリの新芽

多年草

居所：丘陵や山の林縁、庭先
背丈：30〜60cm
花期：4〜5月

ホウチャクソウとチゴユリは身近に棲み園芸目的でも栽培されるが「有毒草」。新芽の時期はご用心

食卓のジジババ賛歌
〜ジイソブ・バアソブ〜

　このジジババたちは、ごくたまに見つかる珍品である。

　ジイソブは、正式和名をツルニンジン（蔓人参）という。その根茎が高価な朝鮮人参と似ていることに由来しており、案の定、朝鮮人参の偽者として出回ったことがあるという。ジイソブの名はバアソブ（後出）に対してつけられたもので、爺さんのソバカスという意。花の内側のまだら模様がそばかすに見立てられた。

　花がない時期は、なんの特徴もない四つ葉のツル植物であるが、これを切るとべたべたする白い乳液がほとばしる。これがまた臭い。葉に触れても臭いがあるといわれるが、わたしにはよくわからなかった。

　ジイソブは新芽のやわらかな部分を収穫し、天ぷらにする。または塩茹でして水にさらせば、臭みが取れ、お浸しや和え物で楽しめるという。

　むせるような夏が終わるころ、ジイソブはふだんの地味な姿からは想像もつかぬユニークで美しい花を次々とぶらさげる。見事な釣り鐘形した花は、どこから見ても手仕事が凝っていて、花びら、雄しべ、雌しべたちが繰り広げるシンメトリックな配置とサイケデリックな色彩が秀逸。これほど奇抜なアイデア、長い進化のどのあたりで閃いたのかと不思議で仕方がない。

　つぼみも風船みたいでかわいらしく、結実も空飛ぶ円盤みたいでおかしい。どこまで発想が豊かな植物なのだろう。

　空飛ぶ円盤の実はなかなか熟さず、冬がくるころ、ようやく尖ったてっぺんが開き、へらべったいタネたちが木枯らしに乗って旅をする。翌年には、人知れぬヤブの合間からちいさなちいさな新芽をだす。これがまたかわいらしい。

キキョウ科
CAMPANULACEAE
ツルニンジン
（ジイソブ）

Codonopsis lanceolata

収穫期：春、夏
利用部位：若葉、根茎（薬用）

上級者向けの「山の滋味」
①やわらかい茎葉を収穫。春の若芽がよい
②根茎も食用になるが数が少ないので採取しない

料理法
若芽や若葉は天ぷら、お浸し、和え物に。根茎は輪切りにして水にさらし天ぷら、味噌漬け、キムチ漬けに

根茎　葉

ツルニンジン

ツルニンジンの花

ツルニンジンの葉

多年草
居所：平地や山の林内
背丈：つる性
花期：8〜10月

平地のヤブで稀に見つかり、山地のヤブでは結構見つかる。そっくりなバアソブとの区別は次ページ

華やかな花の時期であっても、意外や意外、ジイソブに気がつく人は恐ろしく少ない。ヤブの中にあると本当に目立たないのだけれど、個体数はそこそこある。そこそこというのは、あくまでバアさんと比べた場合の話である。

　婆さんのソバカス、という名をもつ**バアソブ**。ソブは長野県木曽地方のお国言葉でソバカスをいう。ジイソブはツルニンジンという名をもらったが、バアソブはそのまま残った。

　こちらはおもに山地の林内に育つ種族で、その数、やや稀。

　爺さん（ツルニンジン）が絶滅危惧種に指定されているのは2都県だけであるが、婆さん（バアソブ）になると20都県にのぼり、環境省も絶滅危惧Ⅱ類に指定するほどの立派な希少種。

　バアソブに出逢えたのはたった一度だけ。長野は乗鞍高原の奥深く。「こりゃあ婆さんじゃないか！」と飛び上がるほど喜んだ。ただ、爺さんとの区別が微妙で、眉根を寄せてルーペをのぞく。葉のふちにちいさな産毛が並んでいたら婆さんである（葉っぱや花がずっと小柄であるといわれるが、並べてみないかぎりよくわからない。そこで葉を見るのである）。やはり希少な婆さんであった。あとで写真を比べると、花の模様にも確かな違いがあるなど、一度でも本人を見れば違いがはっきりわかっておもしろい。

　これも爺さんと同じように食べられる。若芽を自分で楽しむだけ採るなら差し支えないが、友人に、向こう三軒両隣にと収穫するのは筋が通らない。さらに爺さん婆さんの根っこも食用になるけれど、個体数が少ないため、ナチュラリストたちは各自で採取を禁止にしている。ひとりでも多くの人にジジババを愛でてもらいたい一心から。

　なかなかめずらしい一品を、ぜひともお楽しみください。

キキョウ科
CAMPANULACEAE
バアソブ
Codonopsis ussuriensis

収穫期：春、夏
利用部位：若葉、根茎（薬用）

婆さんは「育てて楽しむ」
①やわらかい茎葉を収穫（ただし少量だけに）
②根茎も食用可だが希少種のため採取は避ける

料理法
料理はツルニンジンといっしょ。ただし個体数が少なく野生の採取は控えたい。タネを採取して自分で育ててみるのが大人の愉悦

バアソブ
バアソブの花
バアソブの葉

多年草
居所：山地の林内
背丈：つる性
花期：7〜8月

ツルニンジンに比べ花が小型で、葉の縁に短毛が並ぶ。野生はめったに見つからない。出逢えた人はとんでもない幸運のもち主

香味豊かな美食家ハーブ
〜ノダケ・シャク〜

　セリの仲間は「美食家のハーブ」として名高いものが多い。けれども、どいつもこいつもよく似ており、うまいものだけを識別するのがひどくむつかしく思われる。

　ノダケと**シャク**は、入門者にはうってつけ。平地の道ばた、草むらに棲みついているので、一度は見ておくとよいと思う。

　まずノダケ。

　おもな棲み家は林の道ばた、草むら。周囲の植物より頭ひとつ抜きんでて、すっくと立つので目につきやすい。ポイントは花と葉柄。ノダケのつぼみは濃厚な紫に染まっており、花もこの色彩を残す。セリの仲間の花は、図鑑やハンドブックをパラパラとやれば、たいがい白か淡い緑であることがわかる。ノダケは変わった花色をあしらうので、識別がとても簡単。

　花のない時期であると**ウド**（ウコギ科）とよく似ている。このとき葉のつけ根（葉柄）を見て袋状にふくらんでいたらノダケ。ちなみにウドも食用となり、畑で盛んに栽培されているので、間違えて食べてもまったく問題ない（むしろウドのほうがあなたの肥えた舌に合うかもしれない）。

　ノダケは食用として紹介されることが少ないけれど、やわらかそうな若芽や若葉を収穫し、そのまま天ぷらに。あるいはさっと塩茹でしたら、よく水にさらしてゴマ和え、辛子マヨネーズなどで食べる。

　この根も薬用にされたことがあるようで、鎮痛、鎮咳に用いられたという。

　ごくまれに白花や淡いグリーンの花を咲かせるノダケと出逢うこともあるだろう。味はともかく珍品との出逢いは感無量。

セリ科
UMBELLIFERAE
ノダケ

Angelica decursiva

収穫期：春、夏
利用部位：若葉

アクが少なく食べやすい
①やわらかい茎葉を摘む。苦味・アクはほとんどない

料理法
シンプルに天ぷら、和え物で。下ごしらえの茹でぐあいはささっとすませて水にさらす

ノダケ

ノダケの花（通常）

ノダケの花（変異種）

多年草

居所：雑木林の林内
背丈：80〜150cm
花期：9〜11月

林床や道ばたですっくと立つノダケ。花色に変異があるので各種を制覇する楽しみがある

今度は**シャク**のお話。

　これも郊外の道ばた、河原近くの草地などによく生える。とにかく葉姿が美しく、繊細な羽毛を思わせる風情が里山のみずみずしさを幾倍にも増してくれる。やがてテーブル状にあしらう白い小花も、見ているこちらが恥ずかしくなるほど清純で。

　くわしい図鑑をパラパラとやれば、これとそっくりなセリの仲間をいくつも見つけ、途端にめんどうくさくなる。しかしご安心を。シャクはセリの仲間ではめずらしく春に咲く。5〜6月に繊細なセリっぽい姿のものがあったら、まずシャクを疑ってみる。そしてもしも収穫を狙うなら、うかうかしてはいけない。

　シャクは若葉を摘んで食べると、ニンジンの葉を思わせるさわやかな風味が楽しめる。ただし連中は、同じ仲間たちに先がけて咲くほど先を急いでいるため、あっという間に100センチまで育ち、風味はガタ落ちになる。「来週、またきたときに」などと言っていると、もっともおいしい旬は来年までお預けになるやもしれない。

　開花している株のすぐ近くに、たぶん、20〜30センチくらいの若い苗があると思われる。これを根元から収穫したら、塩茹でして水にさらし、ゴマ味噌和え、バター炒め、あるいは椀物やコンソメスープの風味づけに浮かべて楽しむ。

　若苗が見つからなくても、ひとまず茎先のやわらかそうな葉を収穫すれば同じように楽しめる。ただし花が終わりに近づきつつあったら途端に風味が落ちるので、来年まで辛抱する。あわてて食べても喜びはない。

　身近にある、セリ、ノダケ、シャクの3つに慣れておけば、難解なセリの識別はぐんと楽になる。ちょっとした山地にゆけば、圧倒的な大迫力と優雅さを誇る美食のセリたちがまだまだ控えており、新しい愉悦と感動はまったく尽きることがない。

第3章　山中放浪記

セリ科
UMBELLIFERAE

シャク

Anthriscus aemula

収穫期：春
利用部位：若葉

彩りと風味は上品で繊細
①やわらかい茎葉を収穫。花が咲くと風味は悪くなる

料理法
初春の若葉、開花前の葉を摘んで天ぷら、お浸し、炒め物、洋風スープの彩りや香りづけに

シャクのコロニー

シャクの花

シャクの葉

多年草

居所：雑木林の林内
背丈：70〜140cm
花期：5〜6月

シダ植物を思わせる美しい葉姿が印象的。花弁の外側の2枚だけがベロンと大きく飛びだす姿が特徴

山の鬼婆はホクホクと
〜オニユリ・ウバユリ〜

　初夏。おいしいものが目白押しのシーズン。猛暑を元気に乗り切るべく、山野の滋味で心身を潤す季節でもある。

　しかし球根の類には注意が必要。最近は**チューリップ**の球根をお菓子にして売っているが、やたらと自分で調理して食べるとお腹を抱えてもんどり打つ。基本的に「球根は有毒である」と思ったほうがよい。植物たちはこれを食われると大変困る。だから地中深くに隠しつつ、動物を撃退する毒で防御している。なかにはおおらかな連中がいて、人に食わせることで繁栄しているものもある。**オニユリ**（鬼百合）がそのひとつ。

　もともとは海外に棲んでいたが、古い時代、球根が食用になるとして渡来した。以来、花の壮麗さとあいまって人気を博し、里山はもちろん都心の住宅地でも栽培され、しばしば野生化する。

　収穫期は秋。地上部が枯れたころ、球根を掘りあげ、鱗状に折り重なったものを1枚ずつはがす。このとき外側にあるものは苦味がとても強いので、除いておくのがポイント。よく水洗いしたらていねいに水気を切り、食べやすい大きさにスライスして天ぷら、素揚げにして楽しむ。

　茶碗蒸しの具にする場合は、いったん塩茹でして、水にさらしてから使う。ほくほくした口あたりとやさしい甘みがもち味。

　オニユリは結実することがない。代わりに葉っぱのつけ根にたくさんの黒い**ムカゴ**をつけ、これが落ちてよく殖える。この仲間に**コオニユリ**があり、見た目はオニユリそっくりであるが、ずっと小柄で、ムカゴをつけないからすぐにわかる。これは食えない。というか、食べると怒られる。山地の湿った草地にひょっこりと生えるかわいらしいユリで、たいてい保護区域内で暮らす。

第3章 山中放浪記

ユリ科
LILIACEAE
オニユリ
Lilium lancifolium

収穫期：春、秋
利用部位：鱗茎

鱗茎

茶碗蒸しや卵料理で楽しむ
①地下の鱗茎を掘る。地上部が枯れた秋・春がよい

料理法
鱗茎を天ぷら、茶碗蒸しの具、卵とじ料理に。市販のユリネの多くはコオニユリを起原とする栽培品種といわれる。美味だが野生種の収穫は避けたい

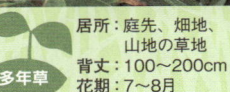

オニユリ

多年草
居所：庭先、畑地、山地の草地
背丈：100〜200cm
花期：7〜8月

コオニユリ：山地の草地など

オニユリは菜園や住宅地で多く見かける艶やかな種族。葉のつけ根に茶褐色のムカゴがつく(コオニユリにはない)

お次は**ウバユリ**(姥百合)。本種は山林の道ばた——交通量が多い国道沿いでもふつうに見ることができる、やたらとでっかいユリ。観光地の駐車場であっても、まさに鼻高々といったぐあいで、巨大な花弁を挑戦的なまでに突きだしているからすぐにそれとわかる。一般図鑑にはオオウバユリもあるが、本書ではウバユリの一形態として区別せずに扱う。どちらも球根を食用にするが、もっとも重要なポイントは旬の見極め。

　春、新芽が育ってきたころ、あるいは秋、地上部が枯れたころ、とても充実した球根が期待できる。調理法はオニユリと同じ。食感はぬったりもっちり、あるいはホクホクした感じ。しばしば強い苦味をもつが、その場合は採取場所と時期を変えるしかない。

　ちなみに花が咲いている株を見つけ、「やあウバユリだ。食おう、ぜひ食ってみよう」と額に汗して掘りだしても、賞味すべき球根はない。ウバユリは数年かけて球根を太らせ、ようやく花を咲かす。このときの彼女たちは江戸っ子ばりに「宵越しの金はもたねえ」と、貯蓄のすべてを花の宴に使い果たすため、球根はすっかりしぼんでいる。しかも宴が終わればそのまま枯れる。なんとも潔いバアさまなのだ。

　ところで「ウバユリの球根を掘る」と簡単に言うけれど、ちいさなシャベルで掘り起こすのはひどく苦労する。やわらかな土壌に生えていたら幸運であるが、たいていは硬く締まったところにいて、思いのほか深く隠されている。スコップがあれば断然楽になるが、そんなものを抱えて山野を歩くと通報されかねない。しかも飛び上がるほど「うまい！」というものでもない。そもそも里山では、病気のとき、あるいは病後に滋養をつけるために食された歴史がある。いつの時代も、いざというとき、バアさんほどありがたい知恵袋はない。ぜひとも大切につき合いたい。

ユリ科
LILIACEAE
ウバユリ

Cardiocrinum cordatum

収穫期：春、秋
利用部位：鱗茎

鱗茎

薬膳として珍重される滋味
①地下の鱗茎を掘る
②花も食用となるが硬い。よく茹でる必要がある

料理法
鱗茎を天ぷら、フライ、煮物などに。オニユリにあるようなほろ苦さはない。大きな鱗茎を探すのはちょっと苦労する

ウバユリの花

ウバユリのコロニー

ウバユリの鱗茎

多年草

居所：山地の林内、道ばた
背丈：60〜100cm
花期：7〜8月

滋養に富むウバユリの鱗茎は深く潜る。地上部が大きく茂っていても鱗茎はちいさなことが多いので困る

幻獣「淫羊」のものすごい霊験
〜イカリソウの仲間〜

李時珍の『本草綱目（1590年）』にこうある。
——四川省の北部に淫羊（いんよう）という動物がいる。これは1日に百回も交尾するのでその名がついたが、藿（かく）という草を食（は）んで精をつけるということだ。そこでこの草を淫羊藿（いんようかく）と名づけた。

イカリソウの独創的で可憐な花は、日本では船をとめる碇（いかり）に、西洋では妖精の翼、僧侶の帽子に見立てられた。中国ではかくのとおり、神秘的な幻獣の由来で親しまれる薬草である。

滋味として味わうなら、新芽をそのまま天ぷらに。若い葉や茎（食べやすい大きさに切って）なら、さっと塩茹でして水にさらし、水気をよくきってから酢味噌やゴマと和えたり、辛子味噌・辛子醤油をつけて楽しむ。

花はナマのままサラダに散らすか、熱湯にさっとくぐらせ酢の物にして賞味する。

注意すべきは、しばしば強い苦味があること。採取場所、時期、イカリソウの種類によって違うため、ひと口ふた口食べてみて好みに合わなかったらすぐに箸を置く。伝説の羊みたいにいきなりモリモリと食べぬほうがよろしい。

そうはいっても、せっかく採ってきたのだから、なんとしても「精をつけたい」ということもあろう。ならば残った茎葉をよく刻み、日干し乾燥させたら、ホワイトリカーか焼酎（アルコール度35度くらい）に漬けて冷暗所に保存。わくわくしながら3カ月を過ごしたのち、夜な夜なチビチビと。

効果がいまひとつの場合、イカリソウが少なかったのかもしれない。実は70〜80gほどが必要で、たいそうな量を収穫する必要があるし、「ならば量が多ければよいのだろう」という考えはとん

メギ科
BERBERIDACEAE
イカリソウ

Epimedium grandiflorum var. *thunbergianum*

収穫期：ほぼ通年
利用部位：若葉

佳麗で艶やかな精力山菜
①春の新芽・新葉を摘む
②やわらかな茎葉を収穫

料理法
天ぷら、お浸し、和え物。薬用酒としては夏の茎葉を収穫。よく洗い陰干しして2～3倍量のホワイトリカーに3カ月以上漬けておく

イカリソウの花

イカリソウの葉姿

多年草
居所：山地の林内、庭園など
背丈：20～40cm
花期：4～6月

艶がある桃色～白色の花、葉の裏面に開出毛が生え、葉の縁に細かいトゲが多く並ぶのが特徴

だ誤解であるので念のため。漢方や民間薬の効果は緩やかな積み重ねにこそ真髄があり、さらに伝説の羊の強精をその身に宿すには、やはりすばらしいイカリソウを探しだす嗅覚が欠かせない。

山地に自生する草花であるけれど、とかく人気があり、植物園や園芸店でもふつうに見ることができる。地域によって花色が違うほか、改良種もたくさんあるので楽しみ方はいろいろ。しかし人気者の宿命であろう、学名・品種名に混乱をきたしているのが玉に瑕(きず)。お店の名札はあまり信用ならず、自分の知識と眼力だけが頼り。**バイカイカリソウ**だけはわかりやすく観賞価値も高い。

おもに薬用とされる種族は、イカリソウ、**トキワイカリソウ**、ホザキイカリソウ（中国原産。しばしば国内で栽培される）。

参考までに、このほかに薬用とされるものに、ウラジロイカリソウ（Epimedium sempervirens）、オオイカリソウ（Epimedium rugosum）、ソハヤキイカリソウ（Epimedium multifoliolatum）がある。

さて、淫羊なみの効果など本当にあるのだろうか。

イカリインという**フラボノイド配糖体**が著名で、筋肉の弛緩を促すほか、末梢血管を拡大させることがわかっている。別の研究では、これを与えた雄動物の精液が増量したこと、雄性器の興奮を促進したことを伝える研究が有名である（千葉医学誌、1939年）。ただ、人間に対する効果のほどは確証まで至っていない。

博物学の見地から、ひとつだけ附言すれば——かかる妙薬はあまたあれど、歴史の狭間にて貴人たちが死屍累々。バイアグラもまたしかり。

霊験はほどよいさじかげんにこそ宿るので、しばし育ててみて、イカリソウと相談しながらそのときを待つのがよいと思う。果たしてそれがいつなのかはわたしが知りたい。朗報を待ちます。

メギ科
BERBERIDACEAE
トキワイカリソウ
Epimedium sempervirens

収穫期：ほぼ通年
利用部位：若葉

葉に艶があり常緑である
① 春の新芽・新葉を摘む
② やわらかな茎葉を収穫

料理法
料理と薬用酒のつくり方はイカリソウといっしょ。写真右側は観賞価値が高く識別が容易なバイカイカリソウ。中国・九州に自生

トキワイカリソウ（白花）

バイカイカリソウ

多年草

居所：山地の林内、庭園など
背丈：30〜60cm
花期：4〜5月

花は艶がある白色〜桃色。一見するとイカリソウだが、葉は常緑で葉の縁につくトゲがまばら

山野のお宝「青い鐘」
〜ツリガネニンジン・ソバナ〜

　大切な薬草として、あるいはもっともおいしい山の幸として、**ツリガネニンジン**は比類なき賞賛を一身に受けてきた。

　秋になると淡い空色の花を咲かせる。これが「釣鐘」に見立てられたほか、薬用となる根っこがぽってりと太る姿から「人参（薬用人参）」という名をもらった。

　もっとも珍重されるのは、春にでてくる若芽。10センチ未満の若芽を根元から採り、これを天ぷらに。

　おすすめはシンプルなお浸し。茎を切るとイヤな臭いを放つ白い乳液をだしてくる。これがアクや雑味となるが、ひとつまみの塩で茹でると消えてなくなる。お湯から上げたらしっかりと水にさらし、醤油で（好みによりワサビ醤油などで）そのままの味わいを楽しむ。

　花の時期なら、花とつぼみを採り、生ハムサラダやシーザーサラダなどに散らしてもよい。

　ツリガネニンジンはなかなかの精力家で、若芽を摘まれてもただちに二番手を生やしてくる。日々、根っこに栄養を貯蓄するという堅実な性格をもつからである。こうした工夫により平地の草むらから山地まで、幅広い場所に適応・生息しており、個人的にはめずらしくもなんともない顔である。が、なかには「貴重なツリガネニンジンを採取するな」と拳を振るう地域があるので、初めて訪れる場所での気軽な収穫は控えたほうがよい。

　これまたあくまで個人的な意見として、目玉が飛びでて思わず心が浮き立つような美味ではない。クセがなく、だれでも食べられるところに人気があるようで、慣れた人はたいして見向きもしない。

キキョウ科
CAMPANULACEAE
ツリガネニンジン

Adenophora triphylla var. *japonica*

収穫期：春、夏
利用部位：若芽（春）、花（夏）

クセのない「美味なる山菜」
①春の新芽・新葉のほか、やわらかな若葉を摘む
②花も食用可

料理法
天ぷら、お浸し、和え物。クセやアクが少ないので風味を損なわぬよう下ごしらえは軽めに

ツリガネニンジンの花

ツリガネニンジンの旬

ツリガネニンジンの結実

多年草
居所：丘陵や山地の草地など
背丈：40〜100cm
花期：8〜10月

花と葉が茎を囲むようにつくのが特徴。花姿は有名だが旬の葉姿が紹介されることは意外と少なめ

ツリガネニンジンには似た仲間があり、ちょっと悩ましい。特に「葉っぱ」の時期はくわしい人ほど「果たしてどれか」と悩む。形の変異がとても多いからである。

　初学者がまっ先に困るのが**ソバナ**との見分け。

　ソバナは岨菜（岨=切り立った崖）と書き、奥深い山の崖に生息していることに由来するといわれるが（蕎麦の葉に似ているから蕎麦菜など異説がいくつもある）、平野部の草地やヤブのそばでも見かける。庭や畑で栽培していたものが逃げたのかもしれない。ちょっとした低山や丘陵に遊びに行けば、道ばたにふつう。

　ツリガネニンジンとの明らかな違いは右図のとおりで、花が片側だけに並び、釣鐘状の花のすそがイブニングドレスみたいに広がっているのが特徴である。花がない時期で区別するなら「葉のつき方」で区別する。中国地方から西にかけて、そっくりなものがいくつもある。こうした地域では旅の前にあらかじめ図鑑をパラパラとめくっておけば、どんどんわくわくしてくる。

　気になるのは、もしもツリガネニンジンとソバナを取り違え、若芽を食べてしまったらどうなるか——すごく、うまいらしい。

　ソバナはツリガネニンジンよりもクセがなく、さっと茹でるだけでお浸しとして楽しめるという。これを醤油につけて食べるか、あるいはゴマ和えなどにする。生の葉を天ぷらにしてもよい。

　こうなると、どちらが山菜としてアタリなのかわからなくなるけれど、たぶん食べて楽しむのはひとときだけで、すぐに「小生はもっと野趣のある、風雅な山野草がいいのである」と、いやにツウなことを言いだすに決まっている。

　人間味といっしょで、ひとクセふたクセあるほうがちょうどいい。

キキョウ科
CAMPANULACEAE
ソバナ
Adenophora remotiflora

収穫期：春、夏
利用部位：若芽、花

臭みを消すと美味になる
①春の新芽・新葉のほかやわらかな若葉を摘む。臭みをもつが、下ごしらえで簡単に消える
②花も食用可

料理法
天ぷら、お浸し、和え物。花とつぼみはサラダに。葉はさっと湯通しだけしてお浸しで楽しむのが王道

ソバナ

ソバナの花

ソバナの結実

多年草
居所：丘陵や山地の草地など
背丈：50〜100cm
花期：8〜9月

花は茎の片側につき、葉は互生する（互い違いにつく）点がツリガネニンジンと違う。こちらも美味なる山菜

あぁ、またも垂涎「ミズトロロ」
〜ウワバミソウ・アオミズ〜

　別名をミズ、ミズナといい、水分が豊富で食感もやさしく、「大変おいしい山菜」と誉れも高い。**ウワバミソウ**——その名はいかにも大蛇が棲みつきそうな場所に生えるからといわれる。果たしてどんな場所か。

　初めての出逢いは乗鞍高原、滝の名所である。うす暗く、じめじめした山の斜面を好むと図鑑にあるが、まさしくそのとおり。

　ウワバミソウは、あたりに大群落を築き、株元から多数の茎をまさしくヘビのようにしゃなりと立ちあげていた。見たとおりの無愛想。ただの雑草に思え、食欲はそそられない。

　収穫期は春から秋。みずみずしい若い茎を選んだら、根元から切りとり、葉っぱはすべてしごいて落とす。クセが強いからである。残った茎をそのまま天ぷらに。シンプルにおいしいという。またはひと手間かけて塩茹でし、美しい緑色に変わったら取りあげ、水にしっかりとさらす。これをだし汁に漬けて食べたり、数本ほどまとめてのりで巻いたら、わさび醤油で舌鼓。油炒めや小魚と煮つけても抜群という。

　もっとも興味ぶかい調理法はミズトロロ。初夏のころ、威勢よく根っこごと引っこ抜いたものを水洗いする。ちいさなヒゲ根を除いたら、やや赤味がかった根元のところだけを集め、まな板に乗せ、包丁の背で叩く。やがてトロリとぬめってきたらできあがり。好みのだし汁と合わせてつるっといただく——まさに垂涎。夏の美食であろう。

　かく書いている本人は、いまだありつけていない。観光地の滝のそばにたくさんあり、誰ひとり、見向きもしないが、元気よく引っこ抜く勇気もなく、ただひとり、固唾を飲んでモジモジする。

イラクサ科
URTICACEAE
ウワバミソウ

Elatostema umbellatum var. *majus*

収穫期：春、夏
利用部位：茎、根元

雌株

夏を楽しむ清流のトロロ
①茎を採取。春の若苗や夏のものも美味という

料理法
みずみずしい茎を選び採取。天ぷら、お浸し、炒め物に。株元部をたたいてつくるミズトロロは絶佳という

ウワバミソウのコロニー

ウワバミソウ

多年草
居所：丘陵や山地の沢沿い
背丈：20〜40cm
花期：4〜9月

オス株とメス株がある。両方とも食用可。オス株の花には柄がありメス株の花に柄はなく茎に密着

依然、憧れの滋味である。ミズトロロ——あぁ。

　この縁者に**アオミズ**というのがあって、こちらは平地の雑木林の道ばたでよく茂っている身近な食材である。水気があるところに好んで生えるが、湿地が大好物なウワバミソウと違い、見た目はふつうの道ばたでも、地下がじんわりと湿っているような場所にコロニーをこさえる。

　第一印象は、やはり「食えそうもない草」。そのくせ、やたらとみずみずしく輝いている。

　初夏から秋にかけて見つけやすく、この若い茎先を摘んで利用する。さっと塩茹でして、よく水にさらしてからかつお節を盛って醤油をたらしたり、辛子マヨネーズ・わさびマヨネーズなどと合わせて楽しむ。生葉を噛むと、どことなくミツバの風味を感じさせる、なかなかおもしろい味わいがある。

　よく似たものに**ヤマミズ**があって、こちらは林内の湿った場所に生えている。茎が褐色を帯び、花には長い柄がついているのですぐにわかる（アオミズの花は右図のように、葉のつけ根にくっつくようにある）。

　ミヤマミズというのもあるが、これは山地に見られ、花が白（あるいはとても淡い緑）ならばこちらであろう。

　採り間違えても安心されたい。ヤマミズ、ミヤマミズとも食用は可能だそうである。ただしアオミズに比べ、味や匂いに強いクセがあるのだという。

　正直な話、アオミズはつい最近知ったばかり。近所にもりっと生えており、さんざん見ていたけれど、まったく調べる気にならぬほど凡庸な道草であった。「食べられる」とわかった瞬間、ぴたっと脳裏に焼きつくあたり、すこぶる単純。これを積み重ねれば科学であると叫びつつ、今日もとぼとぼ道草を食み食み。

第3章 山中放浪記

イラクサ科
URTICACEAE
アオミズ
Pilea mongolica

| 収穫期：春、夏 |
| 利用部位：茎葉 |

道ばたミツバ風味の山菜
①春夏の新芽・新葉のほか、やわらかな若葉を摘む

料理法
お浸しや和え物で。ミツバを思わせる風味があり小鉢料理として十分楽しめる。花期になると硬くなるので若いうちに摘みたい

旬のアオミズ

アオミズの花

ヤマミズの花

一年草

居所：雑木林の道ばた、沢沿い
背丈：10〜50cm
花期：7〜10月

日陰の湿った道ばたでコロニーをこさえる。艶のある、いかつい葉姿が印象的。地味だが憶えやすい

華麗なる「コウモリの一族」
〜カニコウモリ・モミジガサ〜

　ちょっとおかしな種族をご案内したい。**カニコウモリ**という変わった名前は、その珍妙な姿に由来する。しかしカニとコウモリといった奇妙な取り合わせはいったいどこからきているのか。

　まず、本種の葉っぱがカニの甲羅にそっくりである。お次にコウモリの由来は、コウモリソウ属という仲間があり、葉っぱの姿がコウモリの飛ぶ様子を彷彿させることに由来する。「ううん、そうかな」と首をひねる人もあろうが、とにかく山地にゆくとさまざまなコウモリたちが羽を広げているのであいさつしてみたい。

　コウモリたちの多くは食べられる。けれど、とても希少であったり、たいしてうまくないものが混じっている。見分けが簡単でおいしいとされるのがカニコウモリ。

　山地のハイキングコースなどでは、湿った道ばた、斜面などにカニコウモリたちが群舞している。身近な場所にはいないけれど、自生地では簡単に収穫が楽しめる。もちろん、やたら採っても食べきれるものではないけれど。

　調理も簡単。若芽や若葉を摘み、そのまま天ぷらに。ユニークな姿を楽しむために、ころもを薄くしてさっと揚げる。あるいは塩茹でし、水にさらし、お浸しやゴマ味噌和えで。

　初夏になれば、なんとも地味な花を、やや貧相な様子で咲かせてみせる。ルーペがあったら、なかなかの造形美を楽しむことができるだろう。透明感がある美しい花弁がカールして、黄色いおしべをツンと立てる。連中が大群落をこさえることができるのも、一見して地味な花が機能的にすぐれたつくりになっているから。

　伊豆半島に行くと、特産のイズカニコウモリがいるという。これも美味だというが、いまや希少種で採取はできなくなった。

第3章　山中放浪記

キク科
COMPOSITAE
カニコウモリ
Cacalia adenostyloides

収穫期：春
利用部位：若葉

やさしい苦味がぜいたくな味わい
①春の新芽・新葉や初夏のやわらかな若葉を摘む
②個体数は多く収穫は容易だが自然保護区での採取はできない

料理法
天ぷら、お浸し、和え物。地上部の根元から収穫するが下部の硬くなっている部分は取り除く

カニコウモリのコロニー

カニコウモリの花

カニコウモリの葉

多年草

居所：山地の沢沿い、林内
背丈：50〜100cm
花期：7〜9月

山地の湿った道ばたでは数え切れぬほどの大群落をこさえる。葉姿が憶えやすく花もこ洒落ている

コウモリたちの仲間にあって「しどけ」、「シトギ」と呼ばれる有名な山菜がある。

モミジガサは、その葉を傘のように開いてゆき、やがて大きなカエデの葉を思わせるようになる。

山地のガレ場にあり、しばしば濃霧が立ち込めるエリアでひっそりと暮らしている。ハイキングコースからちょっと離れた場所でもって、初めはやわらかな産毛におおわれたちいさな新芽を伸ばし、やがては偉そうに葉を広げてふんぞり返る。それでもひどく地味なため、気がつく人はまずないが、新芽や若葉を天ぷらにしたり、茹でて水にさらしてからマヨネーズやゴマ和えにすると深山の香味が堪能できるという。図鑑などでは群落をつくるとあるが、わたしが知る自生地ではコロニーをこさえることはなく、そこ此処に点々と生えていた。こうした場所での収穫は、種の保存のために避けたほうがよい。

実は園芸的にも人気があり、農産物直売所などではよく売られている顔なじみ。正直な話、これを育てて食べたとしても、モミジガサならではの風格にはほど遠いであろう。住宅地の日照、土壌、乾燥のなかでは、モミジガサはその日を生きるのに必死で、高貴な風味をつくる余裕はないと思う。

基本的には、保護が必要な希少種ではなく、数も多いとされるので、楽しむ機会は十分にあるだろう。ただ、次の点に要注意。

ハイキングで賑わう場所は、およそ自然保護区であり、動植物の採取が禁止されている。

次に、新芽の時期に**トリカブト**(第1章)と間違えないよう注意が必要。モミジガサはうぶ毛におおわれるほか、葉の切れ込み方がまるで違うのだけれど、大自然の中では間違うこともある。

キク科
COMPOSITAE
モミジガサ
Cacalia delphiniifolia

収穫期：春、初夏
利用部位：若葉

不動の人気を誇る有名山菜
①シドケ、シトギ、キノシタという名で高名な山菜。春の新芽・新葉や初夏のやわらかな若葉を摘む

料理法
天ぷら、お浸しのほか、煮物、和え物、炒め物で楽しまれる。収穫適期は初夏まで。若くやわらかなものほど風味が高い

モミジガサ

モミジガサの新芽

多年草

居所：山地の林内
背丈：80〜90cm
花期：8〜9月

山に行くのがめんどうなら農産物直売所の園芸コーナーなどで逢える。森閑とした雰囲気ある人気の種族

「永遠の幸福」は他力本願
～ミズヒキ・キンミズヒキ～

　ミズヒキは漢字で書くと水引。祝儀袋などに飾られる水引からきているが、パッと見ただけではピンとこない。

　荒地や公園、雑木林のうす暗い道ばたにわさわさと生えているけれど、花の時期になっても気がつく人はあまりない。

　ふだんは地味な葉を広げているが、真夏を迎えるころ、ムチのようにしなる細長い花穂をいくつもしゅるりと立ち上げる。ここにあざやかな紅色の花をひとつひとつていねいにあしらってゆくが、ちいさいため日陰の道ばたではまったく目立たない。このいやに控えめな様子こそ最高の魅力で、小粋な風情がある。

　なんともちいさい花をルーペで見れば、上の花弁が紅く、下が白いことがわかる。この紅白のとり合わせと、長く伸びた花穂が、これからの末永い幸せの道のりを願う水引に見立てられた。

　園芸店でも日陰を飾る花として地味に人気があり、花色を変えた改良品種も並んでいる。

　自然界にあっても、しばしば透明感がある白一色のミズヒキに出逢うことがある。こちらは**ギンミズヒキ**と呼ばれ、単色なのにミズヒキより華やかに映え、とても美しい。

　ミズヒキが長い穂を伸ばすのは、やはり永きに亘る幸せのためであり、ここにつける多数のタネを、あなたの衣服にくっつけて運ばせる。適当なところで下車して発芽。だから道ばたに多い。

　格別におめでたい名をもらったミズヒキやギンミズヒキであるが、食用になるという話はとんと聞かない。薬用に利用されたとか毒性があるといった記述も見あたらぬ。しかし同じ「ミズヒキ」という名をもちながら、まるで違う種族がいる。しかも有用植物で用途も多彩。

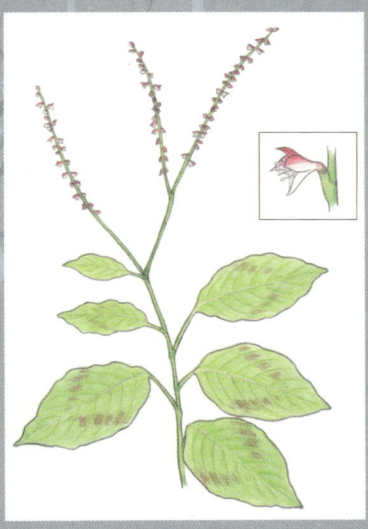

タデ科
POLYGONACEAE
ミズヒキ
Antenoron filiforme

まずい

| 収穫期：なし |
| 利用部位：なし |

日陰を彩る艶やかな紅白
①小花は紅と白のツートン。花穂がムチのように長く伸びる
②タネが動物の身体にひっついて広がる

シェード・ガーデン（日陰の庭）を飾る名花として人気もあるが食用にはならない。とても頑丈で育てやすいが、はびこりがち

ミズヒキのコロニー

ミズヒキの花

ミズヒキの結実

多年草

居所：山地の林内
背丈：50〜80cm
花期：8〜10月

雑木林やヤブの日陰で群れて暮らす。花期、賑やかに咲き誇るもののなぜか地味。よく見ると可憐

キンミズヒキは、初夏になるとレモン色の小花を華やかに飾り立てる。日当たりがよい明るい草地を好むし、花もあざやかという点で、ミズヒキとはまるで違う。栽培の人気度も格段に高いのは、見てのとおり。

そもそも分類からして違う。ミズヒキはタデの仲間。キンミズヒキはバラの仲間。なぜミズヒキという名がついたかとえば、花穂がミズヒキみたいに細長く伸びるからだという。

さて、キンミズヒキの若葉は食用にされる。秋から翌春にかけて、やわらかな茎葉を摘んで天ぷらに。または塩茹でしてのち水にさらし、炒め物に。フライパンにごま油を垂らし、好みに合わせて塩、こしょう、醤油をする。

既刊書でも述べたけれど、本種は薬草としても有名である。花の時期に根っこを掘り起こし、よく水洗いして日干しにしたものは竜牙草という漢方薬になる。これを煎じて飲むと、下痢止め、整腸作用が期待されるほか、口内炎や歯肉炎のときは1日数回ほどこれでぶくぶくとやる。消炎作用にすぐれるとされ、皮膚のトラブルにも煎液を塗ったり、シップにして貼りつけるなど幅広く応用されてきた。

近年、ハーブガーデンや園芸店で**アグリモニー**という名で売られるものがある。女性の方はこちらの名称に親しみがあるのではなかろうか。見た目はまったく同じだけれど**セイヨウキンミズヒキ**という別種で、西洋ハーブとして庭先を飾っている。すっかりこちらが有名となり、日本の道ばたにいるキンミズヒキはたいして注目されることがない。

さて、ミズヒキとキンミズヒキがあらゆる点で違うと述べたが、そっくりなところもある。キンミズヒキの実はトゲを生やし、あなたがくるのを待ちかまえている。子孫繁栄の戦略はそっくり。

バラ科
ROSACEAE

キンミズヒキ

Agrimonia pilosa var. *japonica*

収穫期：春、秋
利用部位：茎葉、根

食用でも楽しめる漢方薬草
①春の新芽・新葉を摘む
②地下茎は漢方薬（下痢止め、消炎など）

料理法
やわらかな新芽を選び、天ぷら、炒め物に。花が美しいので観賞価値も高い。性質は頑丈で手をかけずともよく育ち、見事な花を咲かせる

キンミズヒキ

キンミズヒキの花

キンミズヒキの結実

多年草
居所：草地、道ばたなど
背丈：30〜80cm
花期：7〜10月

草地の日なたでそれはほがらかに咲き誇る。宅地や庭園ではよく似た西洋キンミズヒキが栽培される

山菜版「クサヤの干物」

～オミナエシ・オトコエシ～

『春の七草』ならともかく、『秋の七草』をいまだに諳んじられる人は意外と少ないのではなかろうか。

——萩の花 尾花葛花 なでしこが花 をみなへし また藤袴 朝顔が花（山上憶良）

一般に「尾花」はススキ、「朝顔」はキキョウを指すといわれ、ここでは「をみなへし（女郎花）」をご案内してゆきたい。

ひとつひとつに艶のある、趣ぶかい橙色の小花が美しい。里山の草むらから都心の庭先まで、秋の息吹きが漂うころ、そっと咲き始める。

『春の七草』は食べるもの、『秋の七草』は愛でるものといわれるけれど、なかでも**オミナエシ**はまさに「食えない七草」。なにしろ臭い。残暑の蒸し暑さも手伝って、得もいわれぬ刺激臭がむああんと立ち上がる。実にとんでもない。

秋、この花を摘み、花瓶に挿せばよくわかる。「とても風情のある、かわいらしい花だこと」といった楽しい気持ちもつかの間、「こりゃあいったい、なにごとであるか！」と、立ち込める悪臭に鼻をつまむ。花瓶の水がすばらしい腐敗臭を漂わせている。

この根は漢方で敗醬根といい、消炎、膿の排出、利尿剤として長く重宝されてきた。その字面がすべてを物語るように、むかしから臭い。ネコのトイレか、汗にまみれた男のTシャツ。

そんな次第であるから、これを「食べる」とする文献を見つけたときには大変驚いた。この若葉を摘み、塩茹でし、しっかりと水にさらしてアク抜きをしてから、お浸しや和え物にするのだという。本当に、そんなふつうの方法でよろしいのですか、とわが目を疑った。恐ろしさのあまり試す気になれぬ。あの腐敗臭たるや！

第3章 山中放浪記

オミナエシ科
VALERIANACEAE
オミナエシ
Patrinia scabiosaefolia

まずい

収穫期：なし
利用部位：なし

収穫を許さぬ秋の花乙女
①花はあざやかな黄。小花をテーブル状に咲かす
②葉は対生。羽状に裂ける

この根は敗醤根という漢方薬にされるが、食用にはとてもむかない。今度の晩夏に花瓶に挿してみればすばらしい異臭が体験できる

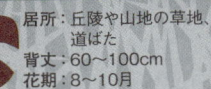

オミナエシのコロニー

オミナエシの若苗

多年草
居所：丘陵や山地の草地、道ばた
背丈：60〜100cm
花期：8〜10月

山野にふつう。花は有名でも葉姿を知る人は少ない。オトコエシとの違いは「花色」と「毛」（次ページ）

さて、オミナエシと対になるものに**オトコエシ**がある。

オミナエシが黄花であるのに対し、オトコエシは白花。山地から丘陵地にかけて、土手、野原、林などで多く見ることができる。名前の由来はご推察のように、オミナエシに比べて丈夫そうに見えるから、というもの。とはいえ、純白のレースを広げた様子は、よっぽど女性的に思え、憶え始めのころは両者の名をよく取り違えたものであった。

血筋は近いのにオトコエシは食用にされる。夏、多くのつぼみをこさえるが、これを収穫して天ぷらに。あるいは春、若い葉を摘み、塩茹でし、水にさらして、お浸しやゴマ和えに。

春の収穫期の姿は、おそらく不慣れな人にはまったくわからないと思うので、夏と秋、生えている場所を憶えておく。ただし「ものすごく美味」という話をまったく聞かないため、実験と称した話のネタくらいに考えたほうがよさそうである。とはいえオトコエシを食用とする文献は多く存在し、リスクはオミナエシより低いものと推察する。個人的にはなにかのっぴきならぬ差し迫った事情でもないかぎり、野辺の名花として楽しむ道を歩いてゆきたい。

オトコエシは、しばしばオミナエシと交雑する。できた子どもは**オトコオミナエシ**といい、花の色は母の黄色がでるものと父の白を咲かせる場合のどちらもある。数が少ないので逢えたら幸運。

さて秋の七草のなかには差し迫った事情のものがいる。オミナエシはふつうに自生するが、ナデシコ（カワラナデシコ）、フジバカマ、キキョウを野原で見る機会は少なくなった。畑地や寺社にあるのはたいがい園芸種の植栽。野生種は絶滅危惧種である。

余談ながら、ド忘れした方のために『春の七草』を。セリ、ナズナ、ゴギョウ（ハハコグサ）、ハコベラ（ハコベ）、ホトケノザ（コオニタビラコ）、スズナ（カブ）、スズシロ（ダイコン）。

第3章 山中放浪記

オミナエシ科
VALERIANACEAE
オトコエシ
Patrinia villosa

収穫期：春、夏
利用部位：若葉、花穂

端整な花男子も三日目の靴下風
① 春の新芽・新葉を摘む
② 夏のつぼみを収穫

料理法
天ぷら、和え物などに。食用とされるがとても食べる気にならない。花を活ければすてきな異臭に早くも胸焼け

オトコエシの花

オトコエシの若苗

多年草
居所：丘陵や山地の草地、道ばた
背丈：60〜100cm
花期：8〜10月

山野にふつう。オミナエシより毛が多く花色も乳白色。個人的には本種のほうが女性的に見える

水辺の珍味は「万葉の野菜」
〜ミズアオイ・コナギ〜

　ミズアオイは水辺に棲みつく種族で、いまや全国39都道府県で絶滅危惧種に指定される「きわめて希少な種族」。がしかし、その性質は強靭きわまりなく、あげく権謀術数にも長けている。

　その古名を菜葱（なぎ）といい、万葉の時代には栽培もされ、市場で売られていたという。しかし水田にあっては、侵略のかぎりを尽くす凶悪な暴君となり、大切な稲をすべてなぎ倒してしまう。「なんならこれを食ってしまえ」と考えるのも不思議はなく、けれども現在あたり前に食されなくなったのは、決して希少になったからではなく、エグみが強いから。若い茎葉を収穫したら、よく塩茹でし、よく水にさらす。エグみだけでなく、泥臭さを抜くつもりで。お浸し、酢味噌和えにすると無難とされるが、味わいの評価は人によりまっぷたつに分かれる。

　農薬と土地の開発が進み、ミズアオイは各地で次々と姿を消したが、実は見た目だけである。水棲植物の仲間には、一時的に消えても、あるとき爆発的に再生するものがある。ミズアオイも土壌に膨大な種子を蒔いており、眠り爆弾がごとくじっと息を潜めている。大久保茂徳先生が管理される区域でも、あるときを境にそこらじゅうから発芽して、初夏に見事なお花畑となった。カメラマンたちがズラリと並んで撮影に勤しむほど、花の美しさは壮麗。

　このように、希少種のなかには繁殖を始めると始末に負えないものがたくさんある。ミズアオイも30年前なら「いったいどうやって駆除すればいいんだ」と頭を抱えていたのに、いまや採取禁止の絶滅危惧種。全国各地で保護活動が広がり、減農薬の田んぼも増えている。見るぶんには美しいけれど、管理するのはたいそ

ミズアオイ科
PONTEDERIACEAE

ミズアオイ

Monochoria korsakowii

収穫期：夏
利用部位：若葉

地域によっては採取禁止
① 新芽・新葉を摘む
② 絶滅危惧種で地域によっては条例で採取禁止（罰則あり）に指定されており、注意が必要

料理法
お浸し、酢味噌和えなど。泥臭さが強いので下ごしらえはしっかりと

ミズアオイ

ミズアオイの花

多年草
居所：田んぼ、池沼（水棲植物）
背丈：20～40cm
花期：8～9月

水中から茎葉を伸ばして開花する。全草がみずみずしく流麗であるが繁茂するとやっかいな「絶滅危惧種」

う骨が折れる。勝手な想像であるが、10年後には各地で危惧種指定が解除され、みんなでミズアオイむしりに汗することもありうる。生態の研究を続けて思うのは、植物がもつ生命力と権謀術数は、多彩をきわめ、とても太刀打ちできそうもない。

さて、ミズアオイの古名を菜葱といった。水田には**コナギ**という種族もいて、ミズアオイによく似るが、小型なのでその名がある。かわいそうに、きっと見栄えがしないせいであろう、ミズアオイのような美しい改名もされず、古名がそのまま残っている。

ミズアオイがずどんと咲き誇るのに対し、コナギは「ぽちょっ」と花開く。もっともわかりやすい時期は秋。稲刈りがすみ、田んぼの土があらわになると、そこらじゅうに生えていたことがわかる。

ちいさなハート型の葉は、均整がとれ、美しい光沢をたたえる。その合間からのぞくミニサイズの花は、とても濃厚なスミレ色。なかなか深みがある、洒落た佇まい。

こちらも食用となるようで、茎と葉の調理法はミズアオイとまったくいっしょ。

どこでも見かけるやっかいな雑草と思っていたが、いつの間にか北海道と東京都で絶滅危惧種に指定されていた。コナギすら生えない水田というのはちょっと恐ろしい気がするけれど、一度殖えたらもう大変。またたく間に広がり、稲が枯死する。減農薬や無農薬に挑む農家の方々の苦労は、実に途方もないものである。

もっと怖い事実もある。

ちょっと前まで水田雑草と悪名をはせた連中が、次々と絶滅危惧種になっている。ここ30～40年の話で、ちょうど昭和の高度成長期以降と符合する。農薬や大規模生産だけのせいにはできない。多くの人の心から、田んぼのある暮らしが消え、興味を失ってしまったから。田んぼはいまも、5300種を超える生命を宿す。

ミズアオイ科
PONTEDERIACEAE
コナギ

Monochoria vaginalis
ver. *plantaginea*

収穫期：夏、秋
利用部位：茎葉

こちらは採り放題食べ放題
①春の新芽・新葉を摘む

料理法
料理はミズアオイといっしょ。こちらは食べ放題。そこらじゅうの田んぼではびこる害草として悪名高い。難点は「たいしてうまくない」ことに尽きる

田んぼのコナギ

コナギの花

多年草
居所：田んぼ、池沼（水棲植物）
背丈：5cmほど
花期：9〜10月

田んぼの中やあぜ道に生える。いやに艶々したハート型の葉が特徴。憶えやすい身近な水棲植物である

潜って逃げるよ山の美味
〜カタクリ〜

「春の女王」と誉れも高き**カタクリ**は、なるほど食べても高貴。いくらでもイケる。このカタクリはおもしろい特技をもっており、潜って逃げるのがとてもじょうず。

「あのカタクリを食べるだなんて、野蛮だわ」とのお叱りが聞こえる気がするけれど、東北などでは野菜として栽培されている。

さながら妙なる調べがごとき美味をかもしだすカタクリは、開花まで7年もかかる。この花茎を採取し、お浸しで食べるのだからぜいたくの極み。レシピは多数にのぼるが、まずはお浸しで楽しむことをおすすめしたい。シャクっとした歯ごたえが心地よく、やがて風雅な味わいがじわりと広がる。これがいさぎよく消えてゆくので、あわてて次のカタクリを箸に取る。うまい！

地下に隠れる白い鱗茎は「カタクリ粉」の原料（市販ものはジャガイモやサツマイモから採られる）。シンプルに天ぷらで食べると美味だという。ただ、簡単には採れない。

平地の雑木林にもあるが、丘陵・山地にゆくほど多くなる。

こぼれダネからちいさな芽をだした年は、葉っぱ1枚で過ごす。このときのタネは地下数センチほどに潜っており、立派な鱗茎になるにつれて深く深く潜ってゆく。

この間、春がくるたびに、葉っぱを1枚だけ生やす。そのまた翌年も1枚だけ。見た目は南国的なデザインであり、肌触りはしっとりと濡れたベルベットを思わせる感触。都合7〜8年ほどこれで過ごしてから、ようやく花を咲かす。鱗茎はついに20〜30センチという深みに到達し、野生動物はおろか人間ですら採取困難。球根植物は潜ってゆくものが多いけれど、カタクリのごくごくちいさな鱗茎を見るたび、想像を超えた胆力には感心させられる。

ユリ科
LILIACEAE
カタクリ

Erythronium japonicum

収穫期：春
利用部位：花茎、鱗茎

鱗茎

至福の味わい、格別なる満足感
①春の新芽・新葉を摘む
②つぼみのある地上部を根元から収穫
③地下の鱗茎も美味

料理法
鱗茎は天ぷら、地上部はお浸しが絶品。みずみずしいさわやかな甘味がたまらない

山地のカタクリ

カタクリの花

カタクリの鱗茎

多年草

居所：雑木林の林内
背丈：20〜30cm
花期：3〜5月

平野部でも明るい雑木林ですくすくと育ち群落を築く。鱗茎をひとつひとつ探るのは大変苦労する

解毒薬なのに食べると毒薬
〜オキナグサ〜

大変美しい種族で、一度見たら忘れられない。

全身にやわらかな銀毛をまとい、とても深みがある緋色(ひいろ)の花を、やや物憂げにうつむかせて咲かせる。花粉の黄、花の緋、銀の毛という三種のコントラストはもはや神業。

全国に分布し、日当たりがよい草地に群れて咲くが、45の都府県で絶滅が危惧される。ところが園芸店の山野草コーナーや郊外の農産物直売所ではふつうに売っており、自然の山野よりこちらに行ったほうが確実に逢えるというおかしなことになっている。

見た目に違わず由緒ある植物で、奈良・平安時代の書物に「白頭翁」(はくとうおう)という名で登場し、相模国(いまの神奈川県周辺)から貴重な薬草として朝廷に献上された記録が残されている。

その根を乾燥させたものが白頭翁で、解熱、解毒、熱病性の下痢・腹痛などに処方されるが、その名をもつ漢方薬の原料は中国にいる別の植物で、日本の**オキナグサ**はその代用として利用されてきたという。

薬草となるが、食用には向かない。中毒や腹痛から救ってくれる薬草なのに、食べるとひどい下痢や腹痛を起こすというのが不思議である。毒性が強い**プロトアネモニン**を多く含み、これが各種の神経症状を引き起こし、心拍低下から最悪の場合は心停止にいたることもあるため、おもしろ半分に試すべきではない。園芸種として人気が高いけれど、手入れのとき本種の汁が皮膚につくと炎症を起こすことがあるそうなので、注意が必要である。

むかしの子どもたちは、オジノヒゲ、オバシラガ、チゴチゴとかいって、タネの時期、オキナグサの白髪を丸め、毬の代わりにして遊んだという。ごく身近な山野草であったことがうらやましい。

第3章　山中放浪記

キンポウゲ科
RANUNCULACEAE
オキナグサ

Pulsatilla cernua

ヤバイ

収穫期：なし
利用部位：なし（有毒）

嘔吐、痙攣、心拍低下の危険
①萼片は深い緋色（花びらはない）
②全身にやわらかな白髪をまとう

古代より優秀な解毒薬とされるが、食べるとなぜか猛毒。心臓毒を多分に含むため、家庭での利用は大変危険

オキナグサ

オキナグサの花

オキナグサの結実

多年草

居所：雑木林の林内
背丈：10〜40cm
花期：4〜5月

野生は見たことがなく農産物直売所で買って育てた。むかしは野辺にふつうだったがいまは見ない

215

疫病悪鬼を追い払う珍味
〜オケラ〜

江戸の昔は蒼朮売（おけらうり）があったという。どんな呼び声で町を歩いていたのか、いまとなっては知るよしもない。さぞかし風情があったことと思う。

オケラは秋に咲く。名前も変わっているけれど、花もへんてこで、魚の骨みたいな苞（ほう）にくるまれている。ここから純白や淡い桃色した花が、やや気おくれしたように顔をだす。万葉の歌人たちが、しのぶ恋の心象をこの花に託したのは実に優美である。

オケラの名はウケラから転訛（てんか）したといわれるが、ウケラの由来は失われた。別の説では、秋田地方で蓑（みの）のことをオケラと呼んだそうで、苞がとりまく様子を蓑にたとえた、という。

おいしい山野草のひとつで、この若芽を収穫して、そのまま天ぷら、椀物の実、煮物などに使われる。アクや雑味がほとんどなく、軽く塩茹でして水にさらし、お浸し、ゴマ和え、卵とじで楽しまれる。むかしから万人受けする食材として人気。

秋、この根っこを掘りだして日干しにしたものは漢方薬の和白朮（わびゃくじゅつ）といい、健胃薬、利尿薬とされる。よい香りがするので正月のお屠蘇（とそ）に入れられたりもした。

もっともユニークな活用法は、これを燻（くす）べること。かつて節分の時期になると、疫病や魔物を追い払うためにオケラを燻べる風習が流行して、蒼朮売が登場した。呉服屋では梅雨の時期に倉で燻べたし、ある地域で洪水が起こったときは疫病の蔓延を防ぐために活躍したようである。

近年の研究により、抗菌・防カビ効果が高い**フルアルデヒド**が含まれることがわかり、古くからの知恵があらためて確認されることとなった。残念ながら、肝心のオケラの数が少なくなっている。

第3章 山中放浪記

キク科
COMPOSITAE
オケラ
Atractylodes japonica

収穫期:春、初夏
利用部位:若芽、若葉

病魔を払うかぐわしき香り
①新芽・若葉を摘む
②いまや園芸店で求めるのが手軽になった

料理法
天ぷら、お浸し、煮物、和え物、炒め物など多彩な料理で楽しまれる。根を乾燥させるとよい芳香があり、これを燻べると防虫・防疫に

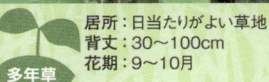

オケラ

オケラの花

オケラの苞

多年草

居所:日当たりがよい草地
背丈:30〜100cm
花期:9〜10月

ユニークな花穂が親しみやすい種族。一見すると地味だが実力派の重要薬草。育てるほど愛着がわく

深山の「幻の味」
〜クロユリ〜

　現代では**クロユリ**を食べたことがある人が希少になり、むしろ「これを食べるのか」と目を疑う人が多いことであろう。

　標高2700メートルを越える礫地(れきち)にこの花は咲いていた。いわゆる高山植物であり、これほどちいさな花でも、開花まで5年か、それ以上もかかる。しばしば大群落を築くのでお花畑となるけれど、きわめて貴重な種族で、開花に立ち逢えたときは自分の幸運をしみじみとかみしめたい。

　ところがどうであろう、園芸店で見つけたときは「やや！」と叫んだ。298円といやに安価な値札がついた鉢植えで、しっぽりと開花しているクロユリ——あまりにも場違いな様子に寒気すら憶えた。もはや深海魚を金魚鉢に入れたといった感じである。

　しかし、これで食べることはできる。おもにアイヌの人々が保存食にしたようで、クロユリを掘り起こし、鱗茎を剥がして乾燥させる。これをお湯で戻し、油をつけて食べたり、つぶして澱粉(でんぷん)を取りだした。その風味について橋本郁三氏は、「生の鱗片には甘みがあり、わずかに苦い」とする。さほどうまそうではないけれど、北海道のアイヌ料理として地元の人が調理すれば絶品になるのかもしれない。土地の味は不思議なほど繊細で、素材を生かす術に長けているものだから。

　本州ではそうそう行けない高山帯に咲くが、冷涼な北海道では川筋や海岸沿いに咲いているのだそうだ。これをエゾクロユリ型といい、本州中部の高山にあるものはミヤマクロユリ型として区別する。いずれも自生地は局限しており、いまや北海道でも手厚く保護されている。

　もしも試すなら山野草園や園芸店に走る。奇妙な時代である。

第3章 山中放浪記

鱗茎

ユリ科
LILIACEAE
クロユリ
Fritillaria camtschatcensis

収穫期：夏
利用部位：鱗茎

それは気高き「英知の味」
①地下の鱗茎を掘る
②亜高山より園芸店に行くとすぐに逢える

料理法
アイヌ料理では重要な保存食。乾燥させたものをお湯で戻しデンプンを採ったり油につけて食された。いまやクロユリよりその味と技法を知る人が希少になった

クロユリ（ミヤマクロユリ型）

クロユリの花

クロユリの結実

多年草
居所：亜高山帯の礫地など
背丈：10〜20cm
花期：7〜8月

高山帯お花畑の名花。この色彩と花容は比類なき高貴さがただよう。花は多いが結実する株は少ない

219

≪ 参 考 文 献 ≫

『日本の野生植物 草本Ⅰ』	(平凡社、1982年)
『日本の野生植物 草本Ⅱ』	(平凡社、1982年)
『日本の野生植物 草本Ⅲ』	(平凡社、1981年)
『日本の野生植物 木本Ⅰ』	(平凡社、1989年)
『日本の野生植物 木本Ⅱ』	(平凡社、1989年)
『日本の帰化植物』	(平凡社、2003年)
『山渓ハンディー図鑑1 野に咲く花』	林弥栄・平野隆久 (山と渓谷社、1989年)
『山渓ハンディー図鑑2 山に咲く花』	永田芳男・畔上能力 (山と渓谷社、1996年)
『新訂原色牧野和漢薬草大図鑑』	(北隆館、2002年)
『食べられる野生植物大事典』	橋本郁三 (柏書房、2003年)
『よくわかる山菜大図鑑』	今井國勝・今井万岐子 (永岡書店、2008年)
『野の植物誌』	大場達之編、平野隆久・巽 英明・熊田達夫 (山と渓谷社、2000年)
『山野草カラー百科』	伊沢一男監修 (主婦の友社、1990年)
『野草大百科』	(北隆館 1992年)
『有用草木博物事典』	草川 俊 (東京堂出版、1992年)
『原色日本薬用植物図鑑<全改訂新版>』	(保育社、1981年)
『世界の有用植物文化図鑑』	バーバラ・サンティッチ、ジェフ・ブライアント、 山本紀夫監訳 (柊風舎、2010年)
『食生活雑考<宮本常一著作集24>』	(宮本常一、未来社)
『民俗のふるさと』	宮本常一 (河出書房新社、1975年)
『植物と民俗(民俗民芸双書87)』	宇都宮貞子 (岩崎美術社、1982年)
『四季の花事典』	麓次郎 八坂書房 1985年
『日本のハーブ事典』	村上志緒編 (東京堂出版、2002年)
『花の文化史』	松田修 (東京書籍、1977年)
『里山摘み草料理歳時記』	篠原準八・佐藤秀明 (東京書籍、2007年)
『食べられる野草と料理法』	福島誠一 (ふこく出版、1998年)

索 引

あ

アーティチョーク	94
アーティチョーク・カールドン	94
アオビユ	102
アオミズ	194
アカカタバミ	80
アグリモニー	202
アマチャヅル	86
アマドコロ	168
アメリカアサガオ	130
アレチマツヨイグサ	126
イカリソウ	186
イヌサフラン	52
イヌビユ	100
イモカタバミ	82
ウォーター・リリー	52
ウド	176
ウバユリ	182
ウラシマソウ	64
ウワバミソウ	192
エシャロット	48
エゾエンゴサク	60
エゾノギシギシ	136
エゾノヘビイチゴ	146
オオバギボウシ	12
オオバコ	120
オオバタネツケバナ	74
オキナグサ	214
オケラ	216
オッタチカタバミ	80
オトコエシ	206
オトコオミナエシ	206
オトコヨモギ	38
オニノゲシ	114
オニユリ	180
オミナエシ	204

か

カタクリ	212
カタバミ	80
カニコウモリ	196
カラスノエンドウ	104
キケマン	62
ギシギシ	136
キツネノテブクロ	58
キツネノボタン	42
ギボウシ	12、16、22
ギョウジャニンニク	16、44、52
キンミズヒキ	202
ギンミズヒキ	200
クサイチゴ	148
クサフジ	118
クロユリ	218
ケキツネノボタン	42
ケシ	60
ケジギタリス	58
ゲンノショウコ	34
コウゾリナ	108
コウライテンナンショウ	66
コオニユリ	180
コナギ	210
コバイケイソウ	18
コバギボウシ	14
コヒルガオ	128
コマツヨイグサ	126

さ

サフラン	54
ジイソブ	172
ジギタリス	58
シャク	176、178
シロバナノヘビイチゴ	144
ジロボウエンゴサク	60
スイセン	50
スイバ	140
スギナ	78
スズメノエンドウ	106
スズラン	46
スミレ	160
セイヨウキンミズヒキ	202
セイヨウタンポポ	110
ソバナ	190

索引

た

タチツボスミレ	160
タネツケバナ	72
ダンドボロギク	96、132
タンポポ	110
チゴユリ	170
ツリガネニンジン	188
ツルドクダミ	78
ツルナ	88
ツルニンジン	172
ツルフジバカマ	118
ドイツスズラン	46
トキワイカリソウ	186
ドクゼリ	42
ドクダミ	76
トリカブト	32、36、198

な

ナガバギシギシ	138
ナガバノスミレサイシン	162
ナルコユリ	170
ナワシロイチゴ	152
ナンテンハギ	116
ニオイタチツボスミレ	160
ニラ	50
ニリンソウ	34
ノアザミ	92
ノゲシ	112
ノダケ	176
ノビル	48
ノブキ	26

は

バアソブ	174
バイカイカリソウ	186
バイケイソウ	16
ハシリドコロ	20、26
ハッカダイコン	90
ハマアザミ	92
ハマダイコン	90
ハルジオン	96
ヒメジオン	96
ヒメスイバ	142
ヒユ	102
ヒヨス	20
ヒルガオ	78、128
ヒレハリソウ	56
フキ	22、24
フキノトウ	24
フクジュソウ	28
フジアザミ	94
フユイチゴ	154
ベニバナボロギク	134
ヘビイチゴ	144
ヘラオオバコ	122
ヘラバヒメジオン	98
ホウチャクソウ	170
ホソアオゲイトウ	102

ま

マツヨイグサ	124、126
マムシグサ	64、66
マメアサガオ	130
マルバアメリカアサガオ	130
マンドラゴラ	20
ミズアオイ	208
ミズヒキ	200
ミヤマキケマン	62
ミヤマミズ	194
ムラサキカタバミ	82
ムラサキケマン	62
ムロウテンナンショウ	66
モミジイチゴ	150
モミジガサ	34、198
モリアザミ	94

や

ヤブカラシ	78、84
ヤマエンゴサク	60
ヤマトリカブト	32
ヤマミズ	194
ユキモチソウ	64
ユリワサビ	166
ヨモギ	36

わ

ワイルド・ストロベリー	146
ワサビ	164

サイエンス・アイ新書 発刊のことば

science·i

「科学の世紀」の羅針盤

20世紀に生まれた広域ネットワークとコンピュータサイエンスによって、科学技術は目を見張るほど発展し、高度情報化社会が訪れました。いまや科学は私たちの暮らしに身近なものとなり、それなくしては成り立たないほど強い影響力を持っているといえるでしょう。

『サイエンス・アイ新書』は、この「科学の世紀」と呼ぶにふさわしい21世紀の羅針盤を目指して創刊しました。情報通信と科学分野における革新的な発明や発見を誰にでも理解できるように、基本の原理や仕組みのところから図解を交えてわかりやすく解説します。科学技術に関心のある高校生や大学生、社会人にとって、サイエンス・アイ新書は科学的な視点で物事をとらえる機会になるだけでなく、論理的な思考法を学ぶ機会にもなることでしょう。もちろん、宇宙の歴史から生物の遺伝子の働きまで、複雑な自然科学の謎も単純な法則で明快に理解できるようになります。

一般教養を高めることはもちろん、科学の世界へ飛び立つためのガイドとしてサイエンス・アイ新書シリーズを役立てていただければ、それに勝る喜びはありません。21世紀を賢く生きるための科学の力をサイエンス・アイ新書で培っていただけると信じています。

2006年10月

※サイエンス・アイ(Science i)は、21世紀の科学を支える情報(Information)、
知識(Intelligence)、革新(Innovation)を表現する「 i 」からネーミングされています。

SB Creative

science・i

サイエンス・アイ新書

SIS-215

https://sciencei.sbcr.jp/

うまい雑草、ヤバイ野草
日本人が食べてきた薬草・山菜・猛毒草
魅惑的な植物の見分け方から調理法まで

2011年8月25日	初版第1刷発行
2024年9月30日	初版第16刷発行

著　者	森　昭彦
発行者	出井　貴完
発行所	SBクリエイティブ株式会社 〒105-0001　東京都港区虎ノ門 2-2-1
装丁・組版	クニメディア株式会社
印刷・製本	株式会社シナノパブリッシングプレス

乱丁・落丁本が万一ございましたら、小社営業部まで着払いにてご送付ください。送料小社負担にてお取り替えいたします。本書の内容の一部あるいは全部を無断で複写（コピー）することは、かたくお断りいたします。本書の内容に関するご質問等は、小社科学書籍編集部まで必ず書面にてご連絡いただきますようお願いいたします。

本書をお読みになったご意見・ご感想を
下記URL、右記QRコードよりお寄せください。
https://isbn.sbcr.jp/56373/

©森 昭彦　2011 Printed in Japan　ISBN 978-4-7973-5637-3

SB Creative